AF903597

Daniela Derron-Hilfiker, Jennifer Hatlauf, Felix Böcker

# Der Goldschakal

Haupt
NATUR

Daniela Derron-Hilfiker
Jennifer Hatlauf
Felix Böcker

# DER GOLDSCHAKAL

## Ein Wildtier breitet sich in Europa aus

Haupt Verlag

# Inhalt

# Vorwort

Nach längerer Abwesenheit gehören heute Wildtierarten wie der Wolf und der Luchs wieder zu unserer heimischen Natur. Obgleich die wenigsten Menschen diese beiden charismatischen Arten in natura beobachten konnten, sind sie in der öffentlichen Wahrnehmung präsent.

Mit dem Goldschakal betritt ein neuer, eher unbekannter Akteur die Bühne. Über sein Vorkommen und seine Lebensweise ist den meisten Menschen wenig bekannt. Tatsächlich ist bereits die Existenz von «Schakalen» in Europa für viele kein Allgemeinwissen. Es verwundert daher nicht, dass sich immer mehr Menschen Fragen zu dem Neuankömmling stellen. Was ist das für ein Tier, von dem in den Medien immer häufiger die Rede ist? Bereits jetzt tauchen vermehrt Spekulationen über die Rolle des Goldschakals in unseren Ökosystemen auf und über mögliche Konsequenzen für das bestehende Artgefüge.

Allgemeinhin gilt der Goldschakal als Exot. Anders als andere Beutegreifer, wie beispielsweise Rotfuchs, Luchs oder Wolf, wird er meist nicht mit unserer heimischen Fauna in Verbindung gebracht. Oft wird der Goldschakal fälschlicherweise sogar als Neozoon gewertet, also als eine Art, welche durch den Menschen in neue Lebensräume verbracht wurde. Seine Ausbreitung steht jedoch stellvertretend für die Dynamik, welche wir seit Jahrzehnten weltweit erleben und welche in den kommenden Jahren noch stark zunehmen wird. Im Zeitalter des Anthropozäns haben der Klimawandel und fortschreitende Veränderungen der Landschaft durch den Menschen tiefgreifende Veränderungen in Gang gesetzt. Dieser Prozess kennt viele Verlierer, die im Zuge der Entwicklungen ihren Lebensraum verlieren und oft in der Verbreitung wie Anzahl abnehmen. Für andere Tierarten jedoch bietet diese Entwicklung Raum zur Entfaltung. So ist der Goldschakal allem Anschein nach ein Gewinner, der die sich bietenden neuen Bedingungen für sich nutzen kann.

Der Goldschakal stellt uns vor viele offene Fragen. Dieses Buch hilft diese zu beantworten. Was erwartet uns mit der Ausbreitung des Goldschakals? Welche Konsequenzen ergeben sich für das Zusammenleben mit der für uns noch neuen Art? Was bedeutet die Anwesenheit des Goldschakals für andere Tierarten?

Das Autorenteam, welches sich aus den Pionieren der Thematik rund um den Goldschakal im deutschsprachigen Raum zusammensetzt, hat mit diesem Buch ein Nachschlagewerk geschaffen, welches einen wertvollen Beitrag liefert, den Goldschakal besser kennenzulernen und einzuordnen.

Dr. Janosch Arnold
Abteilungsleiter des Wildtierinstitutes an Forstlichen Versuchs- und Forschungsanstalt Baden-Württemberg

# Einleitung

Dass es Schakale in Europa gibt, sorgt bei vielen Menschen nach wie vor regelmäßig für eine gerunzelte Stirn, die von Verwunderung und Überraschung geprägt ist. Nicht selten wird der Goldschakal mit dem amerikanischen Kojoten verwechselt oder in Afrika verortet. Bei unserer Arbeit begegnen wir häufig Menschen, für die es etwas Neues ist, sich mit dieser Tierart zu beschäftigen. Vor wenigen Jahrzehnten noch hätte es keine besondere Grundlage dafür gegeben, ein deutschsprachiges Buch über den Goldschakal zu schreiben. Heute sind Goldschakale auch im deutschsprachigen Raum Nachbarn von Wildschwein, Reh und Rotfuchs.

Lange wurde der Goldschakal auch im wissenschaftlichen Kontext eher als «Beifang» neben anderen Tierarten untersucht. Erst mit seiner Ausbreitung in den vergangenen Jahrzehnten wuchs das wissenschaftliche Interesse an diesem Tier. Dort, wo es viele Goldschakale gibt, gibt es inzwischen auch zahlreiche wissenschaftliche Forschungsarbeiten dazu. Literatur und allgemeine Informationen für interessierte Personen aus allen Gesellschaftsgruppen sind allerdings im deutschsprachigen Raum nach wie vor rar. Die Autorinnen und der Autor möchten mit diesem Buch dazu beitragen, diese Lücke zu füllen.

Der Goldschakal ist eine faszinierende Tierart, die Ähnlichkeiten zu hierzulande bekannteren Arten aufweist; so zum Beispiel bezüglich seines Sozialverhaltens, welches jenem der Wölfe ähnelt, oder seiner Ökologie, die teilweise mit jener des Rotfuchses übereinstimmt. Andererseits weist der Goldschakal auch Facetten auf, die wir von keiner anderen heimischen Art kennen.

Der Goldschakal erschließt seit einigen Jahrzehnten neue Lebensräume in Europa, wie der Mensch es bisher noch bei keinem anderen größeren Säugetier in Europa beobachten konnte. Dadurch entstehen ständig neue Fragestellungen, aber auch Herausforderungen. Was die Existenz einer neuen Tierart für das heimische Ökosystem, aber auch für Werte, Einstellungen und die Wirtschaft des Menschen bedeutet, wird in diesem Zusammenhang vermutlich noch häufig thematisiert werden.

Dieses Buch soll faszinieren und begeistern, aber vor allem auch Fakten bereitstellen, die allen Interessierten und allen Akteuren nützlich sind, die künftig mit dem Goldschakal in Berührung kommen. Die aufgearbeiteten Informationen haben den Anspruch sachlich zu sein und Fakten zu präsentieren. Die Meinungsbildung ist jeder Leserin und jedem Leser selbst überlassen.

# 1 Der Goldschakal, seine Verwandten und seine Geschichte

^ Der Streifenschakal *(Lupulella adusta)* lebt südlich der Sahara von der West- bis zur Ostküste Afrikas.

^ Schabrackenschakal *(Lupulella mesomelas)*, welcher in zwei Populationen in Teilen Ostafrikas und im Süden Afrikas vorkommt.

^ Afrikanischer Wolf *(Canis lupaster)*, welcher in Nordafrika heimisch ist.

Der Goldschakal wird innerhalb der Ordnung der Raubtiere *(Carnivora)* der Unterordnung der Hundeartigen *(Caniformia)* zugeordnet, und dort der namensgebenden Familie der Hunde *(Canidae)*. Hierbei handelt es sich um eine sehr anpassungsfähige Gruppe, die Arten sehr unterschiedlicher Formen und Größen hervorgebracht hat. Die heute allgemein akzeptierte wissenschaftliche Bezeichnung der Art Goldschakal ist *Canis aureus*. Bis vor Kurzem wurden in Europa, Afrika und Asien verschiedene kleinere, ähnlich aussehende Caniden zusammenfassend als «Goldschakale» bezeichnet. Jüngere genetische Untersuchungen haben jedoch die schon lange bestehende Vermutung bestätigt, dass es sich dabei eigentlich um mehrere Arten handelt: Der ursprünglich als Goldschakal bezeichnete, in Nordafrika heimische Afrikanische Wolf (*Canis lupaster*, Hemprich und Ehrenberg 1832) wird heute als eigenständige Art betrachtet und ist näher mit dem Grauwolf *(Canis lupus)* als mit jener Art verwandt, die heute den Namen «(eurasischer) Goldschakal *(Canis aureus)*» trägt (Koepfli et al. 2015). Zudem wurde festgestellt, dass die Beziehung zu weiteren Schakalarten – dem Schabrackenschakal *(Lupulella mesomelas)* und dem Streifenschakal *(Lupulella adusta)* – auf einer parallelen Entwicklung und nicht auf enger Verwandtschaft beruht, weshalb sie aus der Gattung *Canis*, in die sie historisch eingeordnet waren, ausgeschlossen wurden (Viranta et al. 2017).

Grundsätzlich ist der Name Schakal kein klar definierter Begriff. Es handelt sich um wilde Caniden, die kleiner sind als Wölfe und eine ähnliche ökologische Nische besetzen. So werden beispielsweise Kojoten *(Canis latrans)* auch amerikanische Schakale und der äthiopische Wolf *(Canis simensis)* auch äthiopischer Schakal genannt. Ebenfalls gibt es den in Südamerika heimischen Andenschakal *(Lycalopex culpaeus)*, welcher aber mit den übrigen sogenannten Schakalen nicht näher verwandt ist.

Moderne Übersichtsarbeiten listen bis zu einem Dutzend Unterarten des Goldschakals auf (Castelló und Sillero-Zubiri 2018). Die westlichste Unterart, *Canis aureus moreoticus* (Geoffroy Saint-Hilaire 1835), oft als «Kaukasischer» oder «Europäischer Schakal» bezeichnet, stammt aus der Schwarzmeer- und Ägäisregion, und ist auch jene Unterart, welche sich in jüngster Zeit bis nach Nord- und Westeuropa ausgebreitet hat. Aufgrund der begrenzten Fossilfunde und der noch nicht vollständig geklärten Phylogenie der Gattung *Canis* gibt es nur begrenzte Informationen zur Evolution dieser Art. Die Fossilgeschichte des Goldschakals selbst ist schlecht belegt. Spassov (1989) und Demeter und Spassov (1993) diskutierten eine Vielzahl von Fossilien aus Italien, Ungarn, Österreich, Bulgarien und dem ehemaligen Jugoslawien und kamen zu dem Schluss, dass in Europa keine zuverlässigen Fossilien des Goldschakals existieren. Es besteht die Theorie, dass Goldschakale während der letzten Eiszeit über eine Landbrücke von Asien nach Südosteuropa eingewandert sind. Der erste verifizierte Nachweis eines Goldschakals stammt von 1384 aus Bulgarien. Weitere Nachweise aus Südosteuropa bis in den Balkan folgten im 19 Jahrhundert (Hoi-Leitner und Kraus 1989; Trouwborst et al. 2015; Spassov 1989).

*Erfahren Sie mehr über die verwandten Schakalarten am internationalen Tag der Schakale – welcher von Jennifer Hatlauf mitinitiiert wurde – und nun jedes Jahr am 19. April begangen wird. Homepage: www.worldjackalday.com*

# 2 Erkennungsmerkmale und Sinnesleistung

## 2.1 Unterscheidung von Fuchs und Wolf

Als mittelgroßer Canide ist der Goldschakal mit verschiedenen anderen Hundeartigen nah verwandt. Die größte Ähnlichkeit weist er mit anderen Vertretern der Gattung *Canis* auf. In Europa ist dies vor allem der Wolf (*Canis lupus*) (Koepfli et al. 2015). Aber auch der domestizierte Wolf, also der Haushund (*Canis familiaris*), kann dem Goldschakal sehr ähnlich sein. Immer wieder wird der Goldschakal jedoch auch mit dem Rotfuchs (*Vulpes vulpes*) verwechselt, der allerdings nicht zur Gattung *Canis* gehört. Obwohl es eindeutige Merkmale gibt, die eine Unterscheidung hier ermöglichen, werden vor allem in Regionen, in denen der Goldschakal noch nicht lange vorkommt, Füchse häufig für Goldschakale gehalten. Dies passiert vor allem dann, wenn diese vom typischen Aussehen eines Rotfuchses abweichen, z. B. durch eine außergewöhnliche Färbung oder krankheitsbedingten Haarausfall oder eine verkürzte (weil verletzte) Rute.

Der Goldschakal hat eine Schulterhöhe von etwa 44–50 cm. Füchse sind nur etwa 35–38 cm hoch, wohingegen Wölfe eine Schulterhöhe von 65–80 cm aufweisen können. Die Kopf-Rumpf-Länge des Goldschakals beträgt ungefähr 80–105 cm. Der Goldschakal wirkt hochbeiniger als der Fuchs. Sein Körper erscheint jedoch meist plumper als jener des Rotfuchses, weil der Fuchs länger und schlanker wirkt. Dies wird auch bei den Gewichtsangaben dieser Arten deutlich: Während Goldschakale 8–16 kg wiegen, bringen Wölfe etwa 25–35 kg und Füchse nur etwa 4,6–7,7 kg auf die Waage.

Die Fähen sind bei allen drei Arten durchschnittlich etwas kleiner und leichter als die Rüden (Graf und Fischer 2021).

In der Regel unterscheiden sich Fuchs und Goldschakal deutlich in ihrer Färbung und Zeichnung. Goldschakale weisen eine gelbgoldene oder rötlichgoldene bis graue Färbung auf, wobei der Rücken meistens dunkler gefärbt ist. Füchse hingegen sind üblicherweise rötlich. Nicht immer weist ein Fuchs jedoch ausschließlich die rötliche Färbung auf, die man von ihm erwartet. Schnell wird ein Fuchs also für einen Goldschakal gehalten, wenn er gräulich, bräunlich oder sogar noch dunkler ist. Dabei ist es bei der Bestimmung wichtig, stets alle Unterscheidungsmerkmale zu berücksichtigen und sich nicht nur an einem zu orientieren.

Eine besondere Bedeutung kommt bei der Unterscheidung aber dem Schwanz – auch Rute oder Lunte genannt – zu, denn dieser unterscheidet sich bei den beiden Arten am deutlichsten voneinander. Goldschakale haben einen, im Verhältnis zum eigenen Körper, recht kurzen Schwanz, welcher etwa bis zum Sprunggelenk reicht. Er reicht beim stehenden Tier also nicht bis zum Boden. Der Fuchs hingegen hat eine sehr lange Rute, die fast die Länge seines Körpers erreicht und entsprechend den Boden problemlos erreichen kann.

## Kopf

Goldschakale haben im Verhältnis zur Größe ihres gesamten Körpers einen kleinen, zierlichen Kopf. Die Schnauze wirkt im Vergleich zu anderen Caniden eher kurz und spitz. Der Übergang von der Stirn zur Schnauze ist nicht so stark abgesetzt wie bei verwandten Arten. Dieser sogenannte «Stopp» lässt den Kopf ebenfalls spitzer erscheinen und weniger markant als zum Beispiel beim Wolf. Im Winterfell ist häufig ein Backenbart beim Goldschakal ausgeprägt, der den Kopf breiter erscheinen lässt, als dies im Sommerfell der Fall ist.

Im Gegensatz zum Fuchs sind die Rückseiten der Ohrmuscheln nicht schwarz gefärbt. Dieses Merkmal ist häufig auch auf Infrarot-Aufnahmen von Wildkameras ein geeignetes Unterscheidungsmerkmal. Wie auch Fuchs und Wolf, hat auch der Goldschakal meist einen deutlich hellen Fang (Maul). Die Unterseite seiner Schnauze ist bis auf die Brust hinunter hell, sogar weiß gefärbt.

< Goldschakalfähe (oben) und Fuchsrüde (unten) im Winterfell.

< Gesichtsausdrücke im Vergleich: Goldschakal (oben), Wolf (Mitte) und Rotfuchs (unten) in ihrem jeweiligen Winterfell.

^ Links oben: Deutlich zu erkennen ist der Backenbart, welcher der Goldschakal im Winterfell hat. Rechts oben: Die spitze Schnauze des Goldschakals unterscheidet ihn vom Wolf. Unten: Anders als beim Fuchs ist die Hinterseite der Ohren beim Goldschakal hell gefärbt.

### Körper

Während Wölfe in der Regel ein großes, kräftiges Erscheinungsbild haben und Füchse schlank, lang und elegant wirken, erscheinen die Körperproportionen des Goldschakals manchmal etwas disproportional. Die Beine sind relativ lang, der Körper ist verhältnismäßig kurz und der Kopf wirkt tendenziell etwas zu klein in Relation zum Körper. Dieses Erscheinungsbild wird vor allem im Winterfell deutlich. Im Sommerfell wirkt auch der Goldschakal eher schlank und agil. Je nach Körperhaltung kann dann der Hals besonders lang wirken.

### Schwanz

Die Rute, also der Schwanz des Goldschakals, ist das für ihn wohl auffälligste Merkmal. Er ist im Verhältnis zum eigenen Körper deutlich kürzer als bei Fuchs und Wolf. Farblich setzt sich die Rute häufig vom Rest des Körpers ab. Ihre dunklen Grannenhaare lassen sie vor allem im Winter bei vielen Individuen als schwärzlich erscheinen. Im Winterfell wirkt sie breit und buschig. Aber selbst wenn der Goldschakal im Sommer in schlankerem Erscheinungsbild unterwegs ist, kann sie sehr voluminös wirken.

### Beine und Pfoten

Die auffallende Länge der Beine macht den Goldschakal zu einem hochbeinigen, mobilen Tier, dass auch hohe Geschwindigkeiten erreichen kann. Die Färbung der Beine ähnelt jener des Wolfes, allerdings gibt es eine große individuelle und saisonale Varianz.

Beim Goldschakal sind die mittleren beiden Zehenballen jeder Pfote an der Basis verwachsen. Häufig ist dieses typische Merkmal auch in den Trittsiegeln zu erkennen. Als Unterscheidungsmerkmal ist dieser Umstand aber nicht immer hilfreich, da es auch bei Wölfen (und möglicherweise in selteneren Fällen bei Füchsen) vorkommt.

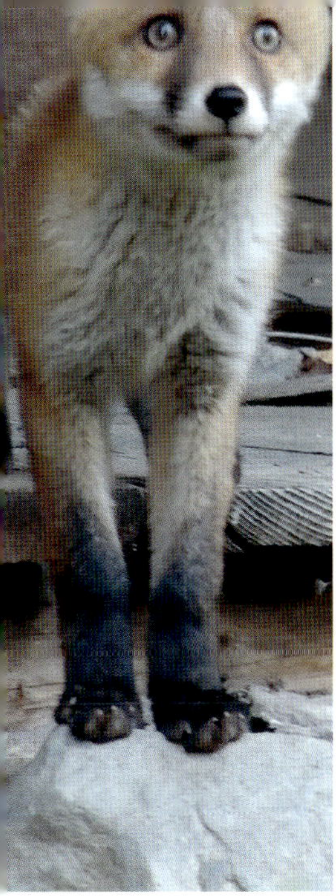

< Die kurze Rute des Goldschakals setzt sich meist auch farblich vom Körper ab. Die schwarzen Grannenhaare sind hier gut zu erkennen.

< Dieser Jungfuchs hat bereits die für Rotfüchse typischen schwarzen Rückseiten der Ohrmuscheln. Dies unterscheidet den Fuchs vom Goldschakal, der hellere Ohren hat.

^ Während die Beine der Füchse vor allem im unteren Teil dunkel gefärbt sind (Bild links), variiert die Beinfarbe der Goldschakale (Mitte). Meistens sind die Beine hell und die Vorderbeine weisen unterschiedlich stark ausgeprägte, dunkle Streifen auf, ähnlich wie beim Wolf (rechts).

> Vorderpfote eines Goldschakals mit den typischen verwachsenen Ballen.

## Schädel

Der Schädel des Goldschakals ähnelt dem des Wolfes, weist jedoch einige Unterschiede auf. Er ist deutlich kleiner und erreicht insgesamt nur die Größe des Gehirnschädels (Neurocranium) des Wolfs. Er zeigt ein schlankeres Erscheinungsbild und eine vergleichsweise kürzere Schnauze und befindet sich in Bezug auf verschiedene Merkmale in einer intermediären Position zwischen dem Schädel des Wolfs und jenem des Rotfuchses. Ein charakteristisches Merkmal ist die gelegentlich auftretende Einbuchtung des vorderen Nasenbeins, die ihn vom Wolf unterscheidet (Abb. unten). Die Eckzähne sind gut entwickelt, im Verhältnis aber kürzer und breiter als beim Rotfuchs und insgesamt kleiner als beim Wolf. Der Durchmesser des oberen Eckzahns unterscheidet sich zudem zwischen Rüden und Fähen. Bei 61 untersuchten Goldschakalen waren die Eckzähne männlicher Schakale im Durchschnitt 8.71 % breiter (Mittelwert 8.49 mm) als die der Weibchen (Mittelwert 7.81 mm) (Hatlauf et al. 2021b).

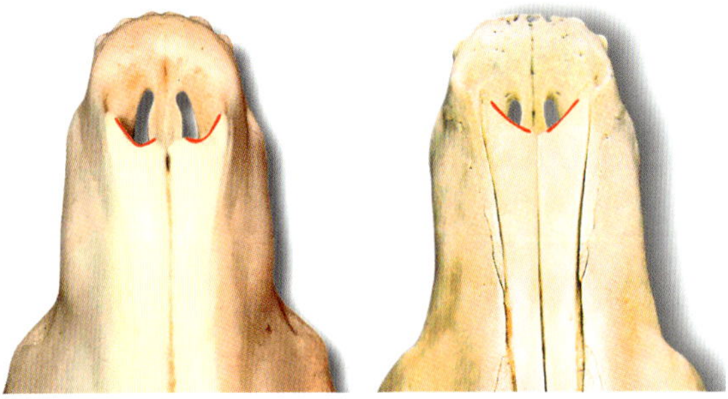

^ Goldschakalschädel

< Bei den roten Markierungen sind die unterschiedlichen Ausformungen des Nasenbeins ersichtlich, links: Goldschakal, rechts: Wolf; nicht maßstabsgetreu (aus Hatlauf und Krickl 2025).

> Vergleich von Wolf, Rotfuchs und Goldschakal aus Hatlauf und Böcker 2021a.

| Merkmal | Rotfuchs | Goldschakal | Wolf |
|---|---|---|---|
| Kopf von vorne |  |  |  |
| Kopf von der Seite |  |  |  |
| Körper von der Seite |  |  |  |
| Körper von hinten |  |  |  |
| Maske/Fang/Hals | heller Fang und Hals | heller Fang und Hals | heller Fang und Hals |
| Rute (Schwanz) | lang (28–49 cm), helle Spitze | kurz (20–26 cm), dunkle Spitze | kurz (35–50 cm), dunkle Spitze |
| Verhältnis von Rutenlänge zu Kopf-Rumpf-Länge | ca. 1 : 1,6–1,8 | ca. 1 : 3,7–4,0 | ca. 1 : 2,5–2,6 |
| Kopf-Ohren-Verhältnis | große Ohren im Verhältnis zum Kopf | kleine Ohren im Verhältnis zum Kopf; wenig ausgeprägter Übergang von Stirn zur Nase (Stopp) | kleine Ohren im Verhältnis zum Kopf; stärker ausgeprägter Stopp |
| Kopf-Körper-Proportion | schlanker Kopf, schlanker Körper | kleiner, kurzer Kopf im Verhältnis zum Körper | großer Kopf, hochläufig |
| Ohren-Hinterseite | in der Regel schwarz | in der Regel hell gefärbt | in der Regel hell/rötlich gefärbt |
| Beine-Vorderseite | in der Regel schwarz | in der Regel hell, manchmal mit schwarzem/dunklem Streifen | in der Regel hell, manchmal mit schwarzem/dunklem Streifen |

## 2.2 Sinnesorgane

Die Ohrmuscheln des Goldschakals sind spitz zulaufend, und die Form des Innenohrs (knöchernes Labyrinth) weist auf eine besondere Jagdfähigkeit hin: das «Mausen», bei der es um das Aufspüren von Beute geht (Schwab et al. 2019). Mausen ist ein jagdtypisches Verhalten, das vor allem bei Kleinsäugerjägern wie Füchsen, aber auch bei Goldschakalen beobachtet wird. Es werden kleine Beutetiere wie Mäuse im hohen Gras oder unter der Schneedecke mithilfe des Gehörs aufgespürt und durch eine spezielle Sprungtechnik erbeutet. Der Goldschakal kann die Ohren unabhängig voneinander bewegen, was sehr hilfreich ist um Geräusche zu orten. Caniden sind zudem dafür bekannt, dass sie im Vergleich zum Menschen einen größeren Frequenzbereich hören können. Obwohl nicht all diese Eigenheiten beim Goldschakal im Detail untersucht wurden, ist aufgrund der ähnlichen Anatomie davon auszugehen, dass das Hörvermögen von Goldschakalen mit demjenigen anderer Hundeartigen vergleichbar ist. Dies gilt auch für den Sehsinn. Dieser zeichnet sich durch ein dichromatisches Farbsehen aus. Dies ist vergleichbar mit einer Rot-Grün- Blindheit beim Menschen. Goldschakale nehmen aber im Vergleich zum Menschen Bewegungen deutlich besser wahr und ihre Augen sind um einiges lichtempfindlicher, was ein deutlich besseres Sehen bei Dunkelheit ermöglicht. Auch in Bezug auf den Geruchssinn ähnelt der Goldschakal anderen Caniden: dieser ist hervorragend entwickelt. In der Nase von Caniden ist die knöcherne Struktur, auf welcher die Riechschleimhaut liegt, stark gefaltet. Dies führt zu einer stark vergrößerten Oberfläche der Riechschleimhaut, in welcher eine deutlich größere Menge an Riechzellen vorhanden ist, als bei anderen Säugetieren. Durch die spezielle Struktur der Nase von Hundeartigen bleibt die Luft zudem länger in der Nase, wodurch Gerüche besser identifiziert werden können. Caniden können außerdem extrem schnell ein- und ausatmen und der Teil des Gehirns, welcher für das Riechen zuständig ist, ist bei Caniden deutlich vergrößert. Das alles macht Caniden und somit auch den Goldschakal zu ausgezeichneten Riechern, der Geruchssinn spielt insbesondere im Sozialverhalten, bei der Orientierung und der Nahrungssuche eine große Rolle.

< Der Nasenspiegel des Goldschakals.

> Die Augen von Caniden sind darauf ausgelegt, kleinste Bewegungen zu registrieren.

> Um Geräusche besser zu Orten, können Goldschakale ihre Ohren unabhängig voneinander in unterschiedliche Richtungen bewegen.

# 3 Lebensweise

## 3.1 Fortpflanzung – Paarungssystem, Jungenaufzucht und Abwanderungsverhalten

Goldschakale leben in der Regel monogam und bilden lebenslange Bindungen (Heptner et al. 1998). Dieses Paarungssystem ist mit einem geringen Geschlechtsdimorphismus, einem ausgewogenen Geschlechterverhältnis innerhalb einer Population, starker Bindung zwischen den Individuen und einer hohen Synchronizität, also dem gleichzeitigen oder koordinierten Ausführen von Verhaltensweisen von Männchen und Weibchen, verbunden. In Europa erfolgt die Fortpflanzung einmal jährlich und beginnt mit der Paarungszeit Ende Januar, die bis Mitte/Ende Februar andauern kann. Die darauffolgende Tragzeit beträgt 60–63 Tage; die Welpen werden also zwischen Mitte April und Mitte Mai geboren. Dies erfolgt entweder in einer Wurfhöhle oder einem sonst wie geschützten Platz. Die Wurfhöhlen werden von den Goldschakalen selber gegraben, zuweilen übernehmen sie aber auch Wurfhöhlen anderer Arten, wie z.B. von Fuchs oder Dachs. Sie bieten den Jungtieren Schutz und dienen als zentrale Orte für die Versorgung durch die Elterntiere (Csányi et al. 2023). Die Wurfgröße variiert und wurde in einer bulgarischen Studie mit drei bis acht Jungtieren für Nordbulgarien und drei bis zwölf für Südbulgarien festgestellt. Vermutlich dürften diese Zahlen auf andere Regionen Europas übertragbar sein. Dieses hohe Fortpflanzungspotenzial ist ein entscheidender Faktor für den rapiden Anstieg der Population und die Ausbreitung des Goldschakals in Europa.

Weibliche Goldschakale haben vier Zitzenpaare, die Laktation dauert in der Regel 8 bis 10 Wochen (Heptner et al. 1998). Der Geburtszeitpunkt der Welpen korreliert wie bei vielen Wildtieren mit der Nahrungsverfügbarkeit und den im Frühjahr bereits milderen Wetterbedingungen (Vassilev und Genov 2002). Welpen beginnen typischerweise ab einem Alter von etwa 4–5 Wochen die Höhle zu verlassen und ihre Umgebung zu erkunden. Dies ist ein wichtiger Zeitpunkt in ihrer Entwicklung, da sie in dieser Zeit selbstständiger werden und beginnen, feste Nahrung von den Eltern oder anderen Gruppenmitgliedern zu erhalten (Pecorella et al. 2023). Dabei handelt es sich um Tiere aus Würfen der Vorjahre, die noch bei ihren Eltern geblieben sind und diese nun in der Aufzucht des neuen Wurfes unterstützen (Custers et al. 2024). Kürzlich konnte in Italien erstmalig dokumentiert werden, wie die Welpen eines Familienverbandes nicht nur vom Muttertier, sondern auch von einem jüngeren Helfertier gesäugt wurden (Pecorella et al. 2023).

Die Welpen wachsen rasch: Bei der Geburt wiegen sie zwischen 200 und 214 g, nach einem Monat haben sie bereits ein Gewicht von 560–726 g erreicht, und im Alter von vier Monaten wiegen sie 2,7–3,3 kg. Bei der Geburt haben sie, wie alle Caniden, geschlossene Augen, die sich erst nach 8–11 Tagen öffnen. Die Ohren richten sich in der Regel nach 10–13 Tagen auf, und die Zähne brechen etwa 11 Tage nach der Geburt durch (Jhala und Moehlman 2004). Das bleibende Gebiss ist normalerweise mit fünf bis sechs Monaten vollständig ausgebildet.

Die Jungtiere entwickeln bis zum Herbst (im selben Jahr ihrer Geburt) einen Körperbau und ein Fell, das jenem der ausgewachsenen Goldschakale entspricht. Bei Sichtungen sind

> Wenige Wochen alte Goldschakalwelpen begutachten aus sicherem Versteck, einem alten Olivenbaum, ihre Umgebung.

^ Das Männchen besteigt bei der Paarung das Weibchen. Anschließend «hängt» das Paar noch eine Weile aneinander. Dies soll verhindern, dass das Weibchen von einem anderen Männchen begattet werden kann, und ist bei anderen Caniden, so auch bei unseren Haushunden, üblich.

also 7–9 Monate alte Schakale bereits nur schwer von erwachsenen Tieren zu unterscheiden. Das Körperwachstum endet im Alter von 10 Monaten, die Geschlechtsreife wird bei Weibchen mit etwa 11 Monaten erreicht, bei Männchen erst mit circa 22 Monaten. Einige der geschlechtsreifen Tiere wandern dann bereits im kommenden Jahr ab, um ein eigenes Revier bzw. einen Paarungspartner zu finden, andere bleiben als Helfertiere im Familienverband. Zum Abwanderungsverhalten ist noch wenig bekannt, doch es wird angenommen, dass in dichten Beständen Individuen zur Abwanderung tendieren, wenn es an Ressourcen oder Paarungsmöglichkeiten mangelt (Csányi et al. 2024). Goldschakale zeigen sowohl kurze als auch weite Abwanderungsdistanzen, abhängig von der Habitatsverfügbarkeit und der Populationsdichte. Ein junges, weibliches Individuum in Ungarn wanderte bei einer Luftlinie von etwa 61,2 km eine reale Strecke von 223,7 km (Lanszki et al. 2018a). Ein junges Goldschakal-Männchen, welches in Slowenien besendert wurde und nach Österreich abwanderte, legte sogar fast 1000 km zurück. Dabei überquerte es die Alpen auf über 2000 m. ü. M., bis es schlussendlich im Gebiet Hohe Tauern ein Weibchen fand und Nachwuchs zeugte. In dichter besiedelten Gebieten können Individuen auch zwischen bereits etablierten Territorien neue Gebiete erobern.

Die Überlebensrate der Jungtiere liegt bei 40–50 %, was zum Beispiel bedeutet, dass 2–3 von 5–6 Welpen nach der Geburt im Spätsommer noch leben. Die ersten 14 Wochen sind hier entscheidend, in dieser Periode ist die Sterblichkeit am höchsten (Stoyanov 2012). Das Überleben der Jungtiere hängt möglicherweise nicht nur von der Deckung im Lebensraum in den ersten Wochen ab, sondern auch stark von der Verfügbarkeit von Nahrung (Stoyanov 2012).

### Fähe oder Rüde?

Wenn das Gesäuge der Fähe nicht gerade erkennbar ist (dies ist während der Trächtigkeit und der Jungenaufzucht möglich), ist es schwierig, männliche und weibliche Goldschakale optisch voneinander zu unterscheiden. Der Größenunterschied zwischen männlichen und weiblichen Goldschakalen ist gering, wobei Rüden (Männchen) etwas größer sind als Fähen (Weibchen). Beim Körpergewicht unterscheiden sie sich allerdings deutlich; dieses liegt beim Rüden 11 % über jenem der Fähen (Raichev et al. 2017), unterliegt aber saisonalen Schwankungen. Eine ungarische Studie, bei der 164 Goldschakale untersucht wurden, ergab ein Gewicht von 9,4 (± 0,1) kg bei Weibchen und 11,1 (±0,2) kg bei Männchen (Lanszki et al. 2018b). In Bulgarien wogen männliche Goldschakale zwischen 9,4 und 15,1 kg (Durchschnitt 11,8 kg), während die Weibchen zwischen 8 und 14,8 kg (Durchschnitt 10,9 kg) auf die Waage brachten (Stoyanov 2020). Beobachtungen in Österreich bestätigen diese Gewichtsspanne mit Werten zwischen 10 und 12,5 kg (Hatlauf und Lanszki 2024). In Einzelfällen kann das Maximalgewicht aber auch deutlich höher sein; so sind 16,4 kg bei einem Tier aus Dalmatien bekannt, und in Österreich wurde schon einmal ein Tier gewogen, welches 16,8 kg schwer war (Hoi-Leitner und Kraus 1989). Im gesamten Ausbreitungsgebiet betrachtet, gibt es deutliche regionale Unterschiede.

## 3.2 Lebenserwartung

Die Lebenserwartung von Goldschakalen in Gefangenschaft wird in der Literatur mit 14 bis 16 Jahren angegeben (Carey und Judge 2000). Gemäß der Animal Ageing and Longevity Database (de Magalhães und Costa 2009) ist dort aber auch schon einmal ein Tier 18 Jahre alt geworden – was in freier Wildbahn kaum erreicht werden kann. Auch wenn es schwierig ist, zuverlässige Durchschnittswerte fur die Lebenserwartung wilder Goldschakale zu erhalten, so kann man davon ausgehen, dass die Goldschakale in freier Wildbahn deutlich weniger alt werden. Die Sterblichkeit wird hier durch verschiedene Faktoren beeinflusst, darunter natürliche Ursachen wie Krankheitserreger, Parasiten, die Tötung durch andere Arten und der natürliche Alterungsprozess, aber auch vom Mensch geschaffene Faktoren wie (in einigen Regionen) die Jagd oder Unfälle im Straßenverkehr. Sicherlich können Goldschakale in freier Wildbahn bis zu 8 Jahre alt werden (Graf und Fischer 2021).

< Nur anhand des oberen Fotofallenbildes ist es schwierig, definitiv zu entscheiden, ob es sich beim vorderen Tier um ein männliches oder weibliches Tier handelt. Bei der Betrachtung des Folgebildes (unten) lässt sich dann aber klar das Gesäuge des abgebildeten Goldschakals erkennen, es muss sich also um eine Fähe handeln.

< Ein in die Jahre gekommener Goldschakalrüde. In Gehegehaltung können Goldschakale selten bis 18 Jahre alt werden. In freier Wildbahn wird das durchschnittlich erreichte Alter jedoch aufgrund unterschiedlicher Risikofaktoren deutlich geringer sein.

## 3.3 Sozialverhalten

Goldschakale sind soziale Tiere. Sie leben in der Regel in der Gruppe. Sogenannte Familienverbände, auch Rudel genannt, bestehen aus den Elterntieren, den diesjährigen Welpen und einem Teil der letztjährigen Jungtiere. Bisherige Studien zum Sozialverhalten wurden weitgehend in Regionen in Afrika durchgeführt, in denen anderen klimatische Bedingungen und andere Lebensraum-Voraussetzungen herrschen als in Europa; zudem wurden sie auch an Schakalen vorgenommen, von denen in den letzten Jahren bestätigt wurde, dass sie zu einer anderen Art gehören als dem in Europa heimischen Goldschakal – nämlich dem Afrikanischen Wolf *(Canis lupaster)* (Köpfli et al. 2015). Es gibt erst wenige Studien aus Europa, welche das Sozialverhalten von wildlebenden Goldschakalen untersuchen (Custers et al. 2024).

Bei affiliativem Verhalten handelt es sich um eine Verhaltensweise, welche die Bindung zwischen Paaren und innerhalb der Gruppe stärkt. Dieses wird von Goldschakalen gerne praktiziert. Hierzu gehören Verhalten wie gegenseitiges Putzen, Begrüßungszeremonien, Gruppenheulen und das Teilen von Nahrung. Bei Goldschakal-Welpen kann es im Alter von 4–6 Wochen zu unkontrolliertem Beißen kommen. Diese vermeintlichen Aggressionen klingen jedoch im Alter von 10–12 Wochen wieder ab, wenn sich innerhalb der Gruppe eine Hierarchie etabliert hat (Feddersen-Petersen 1991). Ansonsten scheint aggressives Verhalten gegenüber Artgenossen in natürlichen Lebensräumen eine untergeordnete Rolle zu spielen, insbesondere in Gebieten mit normaler Populationsdichte, in denen die Interaktionen hauptsächlich innerhalb der Familien stattfinden. In Gefangenschaft hingegen kann aggressives Verhalten häufiger auftreten.

Nach Wandrey (1975) konnten von den 59 klar unterscheidbaren Verhaltensweisen bei Schakalen in Gefangenschaft 35 ausschließlich aggressiven Verhaltensmustern zugeordnet werden.

## 3.4 Jagdverhalten

Sozialverhalten und Jagdverhalten sind eng miteinander verknüpft: Der Goldschakal zeigt soziale Fähigkeiten sowohl bei der Jagd als auch bei der gemeinsamen Nutzung von Nahrungsquellen. So konnte beispielsweise in Israel beobachtet werden, wie Gruppen von Goldschakalen gleichzeitig am selben Ort Nahrung suchten (Macdonald 1979). Obwohl bei Studien aus Indien (Jhala und Moehlman 2004) auch einzelne Individuen beim Jagen (n = 4) und Töten (n=1) von Kälbern der Hirschziegenantilope (*Antilope cervicapra*) beobachtet wurden, waren Gruppen von 2–4 Schakalen erfolgreicher (n = 4). Tatsächlich ermöglicht kooperatives Jagen, deutlich größere Beutetiere erlegen zu können. In Europa wurde das kooperative Jagdverhalten bei Goldschakalen bisher noch nicht untersucht, doch die meisten Nahrungsanalysen (s. Kapitel über

^ Ein Goldschakal, der bei einer antagonistischen Begegnung mit einem zweiten Tier hier seine Zähne zeigt.

> Hier ist ein Goldschakal beim Markieren zu sehen.

> Auch anthropogene Strukturen werden zur Kommunikation genutzt. Hier eine gut erkennbare Markierstelle in Kroatien, das Gestein hat sich durch das wiederholte Markieren verfärbt.

Nahrungsökologie) legen nahe, dass zumeist solitär nach Beute «gestöbert» wird, bzw. das Mausen (ähnlich dem Fuchs) eine häufig benutzte Jagdmethode ist (Schwab et al. 2019).

## 3.5 Markieren

Das Markierungsverhalten spielt bei Goldschakalen eine wesentliche Rolle in der Kommunikation, insbesondere zur Territorialabgrenzung, sozialen Interaktion und Fortpflanzung. Goldschakale markieren ihre Reviere sowohl durch Duft (mit Urin und Kot) als auch durch laute akustische Signale. In Paarbeziehungen markieren beide Partner an Strukturen bis zur Kopfhöhe durch Urinieren mit erhobenen Beinen, abwechselnd zwischen den Partnern (Golani und Keller 1975). Diese Markierungen dienen dann sowohl als visuelle als auch olfaktorische Signale, um die Anwesenheit anzuzeigen und Auseinandersetzungen zu minimieren. Die Komponenten im Urin und Kot enthalten individuelle Informationen, die Geschlecht, Alter, Rang und Fortpflanzungsstatus des Tieres anzeigen können. Bei einer Studie aus Israel fanden sich manchmal perfekte Linien von Kot-Markierungen, welche entlang eines offensichtlichen Weges liefen und andere Markierungen wiederum, welche sich über Gelände ohne erkennbare Strukturen erstreckten (Macdonald 1979).

## 3.6 Heulen

Heulen ist ebenso eine wichtige Form der Kommunikation, die mehrere Funktionen erfüllt. Es dient dazu, Rudelmitglieder zu vereinen, Territorialgrenzen zu markieren und potenzielle Eindringlinge abzuschrecken. Außerdem fördert es die Zusammenarbeit bei der Jagd und stärkt soziale Bindungen innerhalb der Gruppe. Goldschakale nutzen akustische Kommunikation intensiv, wobei eine Vielzahl von Lauten und Vokalisationsmustern vorkommen kann. Die Heulsequenzen der Goldschakale sind vielfältig und können in verschiedene Typen von Langstrecken-Vokalisationen unterteilt werden, die variabel modifizierbar und kombinierbar sind (Kolar et al. 2005). Zu diesen Sequenzen gehören zwei längere Rufe, das flache Heulen, das sogenannten Yipp-Heulen, sowie kurze Rufe. Das flache Heulen dauert im Durchschnitt etwa drei Sekunden und zeigt eine anfänglich höhere Frequenz, die dann leicht abfällt. Es kann in Abständen von etwa einer Sekunde wiederholt werden. Das zweite längere Heulen dauert durchschnittlich etwa zwei Sekunden und weist mindestens zwei Frequenzmaxima auf. Dieser Laut kann sowohl von einzelnen Schakalen als auch von Gruppen ausgeführt werden. Das kurze Jaulen dauert etwa 0,2 Sekunden und zeigt eine steile Frequenzmodulation von oben nach unten. Dieser Laut wird von mehreren Tieren gleichzeitig und mindestens dreimal hintereinander ausgestoßen (Kolar et al. 2005). Nebst dem Heulen

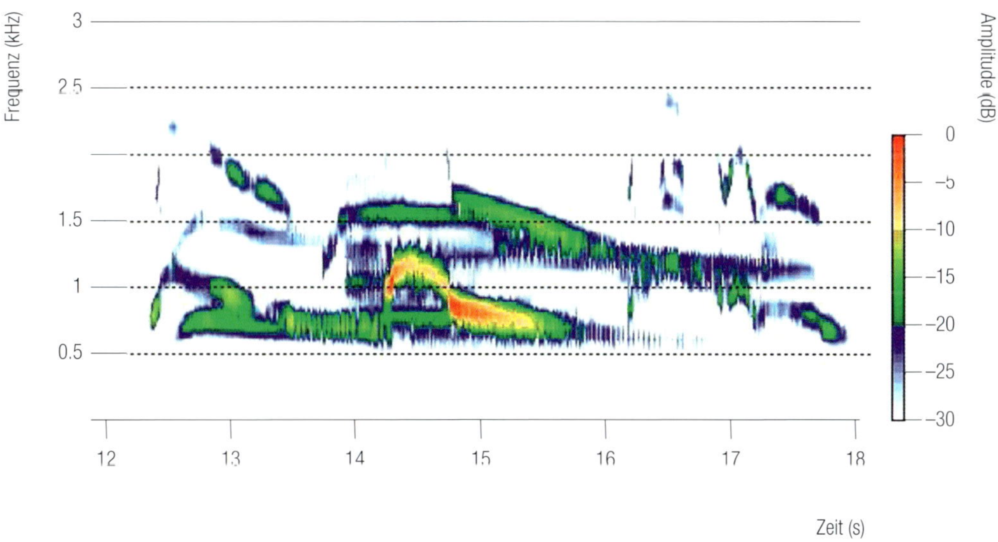


< Goldschakal beim Heulen.

^ Beim Sonogramm eines Gruppenrufes ist erkennbar, dass ein Tier anfängt, und weitere mit einstimmen. Die Frequenz zeigt die unterschiedliche Tonlage auf, während die Amplitude für die Lautstärke steht.

nutzten Goldschakale eine ganze Bandbreite an Lauten wie Winseln, Knurren und Bellen zur Kommunikation.

## 3.7 Nahrungsökologie

### Sein Platz in der Nahrungskette

Goldschakale gehören zu den Mesoprädatoren. Sie sind also Beutegreifer, die andere Tiere erbeuten und fressen können. Anders als die Spitzenprädatoren wie Wolf und Luchs, welche ganz oben in der Nahrungskette stehen, können aber Goldschakale selber auch zum «Opfer» werden. Opfer werden Goldschakale gegenüber Spitzenprädatoren allerdings eher in Konkurrenzsituationen, beispielsweise bezüglich Territorien und Beute, als dass es sich um klassische Räuber-Beute-Situationen handelt. Nachweise von Vorfällen, in denen Goldschakale durch Spitzenprädatoren getötet wurden, konnten nur selten dokumentiert werden. Bekannt ist ein Fall aus dem Iran, wo ein Goldschakal nachweislich von einem Wolf getötet wurde (Mohammadi et al. 2017). Auch im Kanton Graubünden (Schweiz) wird bei zwei tot aufgefundenen Goldschakalen davon ausgegangen, dass sie durch einen Wolf getötet wurden (Amt für Jagd und Fischerei Graubünden 2018 & 2019).

### Flexible Nahrungswahl

Was ihre Nahrungswahl betrifft, sind Goldschakale äußerst flexibel. Sie gehören nicht zu den reinen Fleischfressern (Karnivoren), sondern zu den Allesfressern, den sogenannten Omnivoren. Und dies ist ziemlich wörtlich zu nehmen: An einer Population in Griechenland konnte nachgewiesen werden, dass sie im Rahmen weniger Monate Nahrung in Form von 37 verschiedenen Tier- und 20 verschiedenen Pflanzenarten zu sich genommen hat. Und in Österreich konnten bei der Untersuchung von 13 Goldschakalen 48 unterschiedliche Nahrungsbestandteile dokumentiert werden (Lanszki et al. 2008, Hatlauf und Lanszki 2024).

Als Nahrungsopportunisten fressen Goldschakale das, was einfach verfügbar ist. Das bedeutet, dass die Nahrung des Goldschakals stark variiert und vom Lebensraum und der Jahreszeit abhängig ist. In Europa ernähren sich Goldschakale zu rund 90 % von Kleinsäugern, wilden Huftieren, Nutztieren und Pflanzen. Allerdings werden Huf- und Nutztiere oftmals nicht selber gejagt, sondern als Kadaver gefressen, deren Anteil in der Nahrung unterscheidet sich regional stark (Lange et al. 2021). Eine Studie zeigte auf, dass das Körpergewicht des Beutetiers eine dreimal wichtigere Rolle spielt als andere Faktoren, wie zum Beispiel die Häufigkeit des Beutetiers (Hayward et al. 2017). Goldschakale scheinen Beutetiere mit einem Gewicht von bis zu 5 kg (vor allem Kleinsäuger und Hasen) zu bevorzugen. Auch die Anwesenheit von Spitzenprädatoren beeinflusst die Nahrungswahl der Goldschakale. Die Flexibilität in der Nahrungswahl ermöglicht es dem Goldschakal die Erschließung neuer Gebiete. In unterschiedlichem Klima oder bei veränderten Umweltbedingungen passen Goldschakale ihre Nahrungswahl einfach an (Lanszki et al. 2022).

> Kleinsäuger, pflanzliche Nahrung wie Obst und Beeren, wilde Huftiere, Nutztiere, Amphibien, Vögel, Krebse, Fische, Hasen, Insekten, Reptilien und anthropogene Abfälle, das alles kann auf dem Speiseplan der Goldschakale stehen. Fleisch erbeuten sie entweder selber oder nutzen dazu aufgefundene Kadaver.

*Nächste Doppelseite:*
Kadaver spielen je nach Jahreszeit und Lebensraum eine wichtige Rolle in der Nahrung der Goldschakale. Allerdings haben auch andere Wildtiere Interesse daran. Hier machen Gänsegeier *(Gyps fulvus)*, welche sich von Kadavern ernähren, die Beute streitig.

## Nahrungsanalysen

Goldschakale leben oftmals heimlich und sind vor allem während der Dämmerung und nachts aktiv. Deshalb ist es schwierig, mittels Direktbeobachtungen festzustellen, was sie alles fressen. Inzwischen gibt es aber diverse Studien zur Nahrungsökologie des Goldschakals. Dabei wurden entweder Mageninhalte von toten Goldschakalen untersucht oder gefundener Kot analysiert.

Insbesondere in Ländern, in welchen Goldschakale bejagt werden, können Mageninhalte der erlegten Tiere direkt untersucht werden. Dort, wo keine Bejagung stattfindet und Goldschakale nicht regelmäßig Opfer des Autoverkehrs werden, ist es einfacher, den Kot zu analysieren, um eine große Stichprobe zu erhalten. Dafür müssen die Tiere weder bejagt noch anderweitig gestört werden.

Jedoch kann das Auffinden von Goldschakal-Kot sehr aufwändig sein (Hatlauf et al. 2021a) (mehr dazu im Kapitel «Monitoring»). Um herauszufinden, was ein Goldschakal gefressen hat, werden die unverdauten Reste der Beutetiere (Knochenfragmente, Zähne, Haare etc.) oder Pflanzenteile (Samen, Fürchte) aus dem Kot gewaschen, getrocknet und sortiert. Mithilfe eines Mikroskops und mit Bestimmungsschlüsseln können diese Reste dann durch erfahrene Personen dem entsprechenden Beutetier zugeordnet werden (Lanszki et al. 2006). Werden Maden oder Körperteile ohne Muskelgewebe im Mageninhalt eines Goldschakals gefunden, weist dies darauf hin, dass die Beute nicht frisch erlegt, sondern als Kadaver gefressen worden ist (Ćirović et al. 2014).

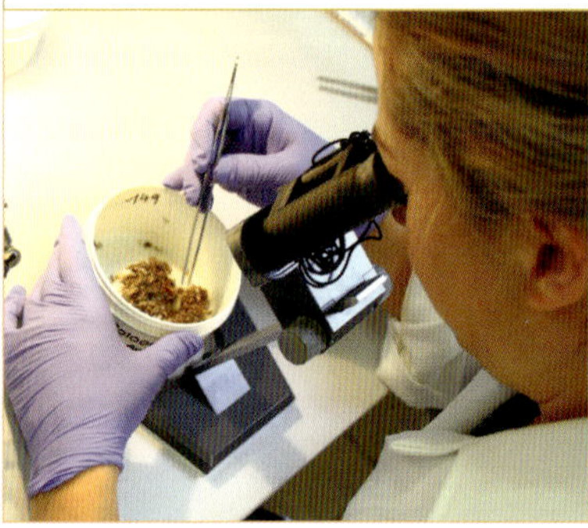

< Anhand von Kotanalysen oder Mageninhalten kann genau bestimmt werden, was ein Tier gefressen hat.

^ Nachdem die Inhalte des Magens oder des Kots gewaschen wurden, werden sie sortiert. Die Reste einem bestimmten Beutetier zuzuordnen, braucht viel Wissen und Erfahrung.

## Kleinsäuger

Kleinsäuger stehen auf dem Speisezettel der Goldschakale ganz oben. Vor allem dort, wo weder Kadaver von Nutztieren draußen entsorgt, noch Innereien von vom Menschen bejagtem Wild in ausreichender Menge zurückgelassen werden, stellen Kleinsäuger einen Großteil der Goldschakal-Nahrung dar. Der Anteil gefressener Kleinsäuger variiert allerdings räumlich und zeitlich stark. In Südosteuropa bestehen 37–78 % der Nahrung aus Kleinsäugern, im Schnitt machen unterschiedliche Arten von Kleinsäugern etwas mehr als die Hälfte der Nahrung aus (rund 54 % der gefressenen Biomasse) (Lange et. al 2021).

Vor allem im Sommer und im Herbst ist der Anteil an erbeuteten Kleinsäugern hoch. Doch auch dies variiert in Abhängigkeit zum Lebensraum: In stark landwirtschaftlich genutztem Gebiet kommt es auch mal vor, dass im Winter der Anteil verspeister Kleinsäuger deutlich höher ist als im Sommer. Dies konnte in einem Gebiet in Ungarn gezeigt werden: Dort ernährten sich die Goldschakale in den Sommermonaten vorwiegend von pflanzlicher Nahrung, welche einfach verfügbar und in großer Menge vorhanden ist. Erst als die pflanzliche Nahrung rar wurde, konzentrierten sie sich wieder vermehrt auf Kleinsäuger. In Anbetracht der opportunistischen Nahrungswahl des Goldschakals überrascht dies nicht: Wenn viel von einem leicht zugänglichen Nahrungstypen vorhanden ist, wird tendenziell auch viel davon gefressen (Lanszki et al. 2016).

Der Goldschakal lässt sich unterschiedliche Arten von Kleinsäugern schmecken. Nicht immer lässt sich anhand von Nahrungsanalysen genau bestimmen, welche Art dabei erbeutet wurde. Dort, wo es gelang, bestand die Beute vorwiegend aus Wühlmäusen (vor allem *Microtus* spp.), gefolgt von den flinkeren Langschwanzmäusen (vor allem *Apodemus* spp.) (Lange et. al 2021). Rötelmäuse *(Myodes glareolus)* und Ostschermäuse (*Arvicola amphibius*) werden in kleineren Mengen gefressen. Vereinzelt wurden auch der Europäische Maulwurf *(Talpa europaea)*,

^ Die Feldmaus (*Microtus arvalis*) ist eine der häufigsten Wühlmäuse Mitteleuropas. Sind die Bedingungen im Lebensraum gut, so kann sie sich in kurzer Zeit sehr stark vermehren (Graf und Fischer 2021). Ein gefundenes Fressen für den Goldschakal.

verschiedene Schläfer- *(Gliridae)*, Spitzmaus- *(Soricidae)* und Ratten-Arten (*Rattus* spp.) sowie Bisamratten *(Ondatra zibethicus)* nachgewiesen (Lange et. al 2021).

### Wilde Huftiere

In Gebieten oder zu Jahreszeiten, in welchen Kleinsäuger nicht häufig sind, ernähren sich Goldschakale vermehrt auch von Huftieren (Lange et. al 2021). Wildschweine *(Sus scrofa)*, Damhirsche *(Dama dama)*, Rothirsche *(Cervus elaphus)*, Mufflons *(Ovis gmelini musimon)* und Rehe *(Capreolus capreolus)* stehen auf dem Speiseplan. Über das ganze Jahr werden Reste von Huftieren in der Nahrung von Goldschakalen gefunden, vorwiegend aber im Winter und im Frühjahr (Lanszki et al. 2016). Gesunde, ausgewachsene Huftiere werden allerdings häufig lediglich nachgenutzt; d.h., Goldschakale töten sie oftmals nicht selbst, fressen jedoch die Kadaver, wenn die Huftiere vorgängig aus anderen Gründen gestorben sind (Lanszki et al. 2016). So bestand der Mageninhalt von 13 untersuchten Goldschakalen in Österreich zu 42,6 % aus Überresten von Huftieren, vorwiegend Rehen, Rothirschen und teilweise Wildschweinen. Da jedoch kein Muskelfleisch festgestellt werden konnte und Maden vorhanden waren, gilt die Annahme, dass der Großteil dieser Huftiere nicht durch die Schakale getötet wurde (Hatlauf und Lanszki 2024). Goldschakale profitieren bei der Jagd außerdem von verletzten oder geschwächten Tieren sowie von Jungtieren.

In einigen Gebieten werden unter den Huftieren am häufigsten Wildschweine gefressen (Lanszki et al. 2010 und 2016). Ausgewachsene Wildschweine sind jedoch deutlich größer und schwerer als Goldschakale. Sind sie gesund, so sind sie zudem sehr wehrhaft. Deshalb sind sie für Goldschakale schwierig zu erbeuten (Lanszki et al. 2006). Die Vermutung liegt nahe, dass auch adulte Wildschweine primär als Kadaver gefressen werden. Prädation von verletzten oder sonst geschwächten Wildschweinen kann jedoch nicht ausgeschlossen werden. Dasselbe gilt auch für Frischlinge, also junge, bis einjährige Wildschweine. Es gibt Hinweise, dass diese auch aktiv durch Goldschakale erbeutet werden. Aufgrund der heimlichen Lebensweise der Goldschakale kann das bis jetzt allerdings nur schlecht dokumentiert werden.

Dass Wildschweine zumindest vorübergehend eine wichtige Nahrungsquelle für Goldschakale sind, konnte an einem Bestand in Ungarn nachgewiesen werden. Zwar ernähren sich dessen Individuen im jährlichen Durchschnitt primär von Kleinsäugern, doch wurden diese während eines besonders harten Winters hauptsächlich durch Wildschweine, insbesondere durch Frischlinge, ersetzt (Lanszki et al. 2006). Auch in diesem Falle konnte allerdings nicht eindeutig bestimmt werden, ob die Goldschakale sich von Kadavern ernährten oder sie die Frischlinge aktiv erbeuteten. Weil strenge

> Nebst Kleinsäugern tauchen in den meisten Nahrungsanalysen auch Spuren von Hasen *(Leporidae)* auf. Im Mittel machen sie in den südosteuropäischen Ländern jedoch nur 1,5 % der Goldschakal-Nahrung aus. In einigen Populationen spielen sie aber temporär eine größere Rolle. Da besteht die Nahrung im August und September schon mal bis zu 20 % aus dem Europäischen Feldhasen *(Lepus europaeus)* (Markov 2012).

> Auch Nutrias *(Myocastor coypus)* stehen auf dem Speisezettel des Goldschakals. Das bis zu 10 kg schwere Nagetier stammt ursprünglich aus Südamerika und wurde für die Pelzzucht nach Europa gebracht (Graf und Fischer 2021). Einige Tiere konnten entweichen, inzwischen verbreiten sie sich in Europa, so auch in der Schweiz, in Deutschland und in Österreich. In Serbien tragen sie vor allem im Winter zur Nahrung bei (Ćirović et al. 2014).

Winter für Frischlinge eine große Herausforderung sind und zu häufigen Todesfällen führen, ist zu vermuten, dass nicht alle der gefressenen Frischlinge fit und gesund waren.

Goldschakale jagen vorwiegend solitär, sie sind aber auch zur gemeinsamen Jagd fähig (mehr dazu im Kapitel «Lebensweisen»). Dies ermöglicht grundsätzlich auch das Erbeuten von größeren Beutetieren, wie beispielsweise jungen Wildschweinen, Rehen oder Hirschartigen (Lanszki et al. 2016, 2018b, Demeter und Spassov 1993, Torretta et al. 2021). Ein seltener Beleg ist in diesem Zusammenhang die 2021 entstandene Aufnahme einer Wildkamera aus Italien, die zeigt, wie zwei Goldschakale ein Reh erbeuten (Frangini et al. 2022a). Obwohl dies in einigen Regionen regelmäßig geschieht, sind Aufnahmen, die das Jagdverhalten dokumentieren, rar. In dieser Aufnahme ist zu sehen, wie einer der beiden Goldschakale in die Kehle des Rehs biss, bis dieses starb. Anschließend fraßen beide

^ Die gestreiften Jungtiere der Wildschweine, die sogenannten Frischlinge, sind weniger wehrhaft als ausgewachsene Wildschweine. Sie fallen dem Goldschakal vermutlich häufiger zum Opfer.

> Rehkitze liegen die ersten Tage ihres Lebens regungslos in der Deckung und warten, bis ihre Mutter kommt, um sie zu säugen. Trifft ein Goldschakal auf solch ein Rehkitz, ist dieses eine leichte Beute, insbesondere, wenn die wehrhafte Mutter nicht in der Nähe ist.

> In einigen Regionen stehen auch Mufflon auf dem Speiseplan der Goldschakale. Der Fokus liegt auch hier bei den jungen Tieren.

Goldschakale vom Kadaver. Sie mussten sich dabei allerdings beeilen: Die Wildkamera hielt fest, wie sie später von Wildschweinen vertrieben wurden, die ebenfalls von der Beute profitierten.

Goldschakale nutzen die Chancen, die sich ihnen bieten. Ihre bemerkenswerte Flexibilität und Anpassungsfähigkeit konnte in einer Studie aus Ungarn dokumentiert werden, die eine lokale Goldschakal-Population über eine längere Zeit untersuchte. Diese ernährt sich üblicherweise zu 55 % von Kadavern und Innereien von jagdbaren Huftierarten, insbesondere von Rothirsch, Damhirsch und Wildschwein (Lanszki et al. 2018b). Üblicherweise lassen die Jägerinnen und Jäger in diesem Gebiet den Aufbruch (d.h. die Innereien der erlegten Tiere) im Feld zurück. Als Nahrungsopportunisten wussten die Goldschakale diese anstrengungslos zur Verfügung gestellte Nahrung zu schätzen. Als im Rahmen einer Folgestudie dann im selben Gebiet während fast zwei Jahren vorsätzlich kein Aufbruch ausgebracht wurde, sank der Huftieranteil in der Goldschakal-Nahrung auf 29 %. Überreste adulter Wildschweine, der dort meist bejagten Wildart, waren in den Nahrungsanalysen kaum mehr vorhanden. Dafür hat der Anteil an Frischlingen, Kleinsäugern, Pflanzen, anthropogenen Abfällen und Wirbellosen stark zugenommen (Lanszki et al. 2018b). Nichtsdestotrotz blieben Innereien und Kadaver wilder Huftiere Bestandteil der Goldschakal-Nahrung – wenn auch zu einem geringeren Anteil. Diese dürfte aufgrund der Größe dieser Beutetiere weniger auf eine eigene Bejagung durch die Goldschakale selbst zurückgehen, sondern eher auf die Aufnahme von Aas von Tieren, die dem Straßenverkehr zum Opfer gefallen sind oder eines natürlichen Todes starben.

### Nutztiere

Es kann vorkommen, dass das Nahrungsspektrum des Goldschakals um Nutztiere erweitert wird. Beispiele hierzu sind vor allem aus Südosteuropa bekannt. So weisen Studien nach, dass der Mageninhalt untersuchter Goldschakale in Griechenland zu 56 % aus Hausziegen bestand, in Israel sich Goldschakale im Herbst gar zu 74 % von Nutztieren, mehrheitlich von Geflügel, ernähren, und in Serbien Nutztiere, vor allem Hausschweine, mit 72 % Anteil die Hauptnahrung der Goldschakale ausmachen. Doch Angriffe auf Nutztiere sind in all diesen Gebieten nicht so häufig, wie diese Prozentzahlen es vermuten lassen. Es ist bekannt, dass in all den untersuchten Gebieten Nutztierkadaver offen entsorgt werden. Die Kadaver werden draußen auf den Weiden liegen gelassen oder im Wald entsorgt. Das heißt, dass die Nutztiere in den meisten dieser Fälle bereits vor dem Verzehr durch die Goldschakale tot waren und von diesen als Aas aufgenommen wurden (Giannatos et al. 2010, Lanszki et al. 2010, Ćirović et al. 2016, Najar et al. 2024)). Goldschakale sind jedoch durchaus dazu fähig, Nutztiere zu reißen; mehr dazu im Kapitel «Goldschakal und Nutztiere».

### Pflanzliche Nahrung

Goldschakale ernähren sich in Europa mehrheitlich von tierischer Nahrung. Pflanzen werden aber je nach Verfügbarkeit als Ergänzung gefressen und machen in jeder Nahrungsanalyse stets einen Teil aus. Im Schnitt besteht die Nahrung der Goldschakale in Südosteuropa zu 11 % aus pflanzlicher Nahrung (Lange et. al 2021). Der Anteil ist abhängig von der Jahreszeit. Vor allem im Sommer und im Herbst, wenn die Früchte reif sind, sind pflanzliche Bestandteile eine häufige Ergänzung zur tierischen Nahrung.

Insbesondere heruntergefallene Früchte sind ein gefundenes Fressen, einfach erreichbar und teils in großer Menge verfügbar. So kann der Anteil an pflanzlichen Bestandteilen im Herbst bis zu 39 % der Nahrung ausmachen (Lanszki et al. 2016).

^ Ein Goldschakal an einem Kuhkadaver: Nutztiere werden durch Goldschakale nicht verschmäht. In bisherigen Untersuchungsgebieten wurden diese jedoch mehrheitlich als Kadaver gefressen und nicht aktiv durch den Goldschakal erbeutet.

Zur Reifezeit können in Kroatien Goldschakale auch tagsüber in Obstgärten und Weinbergen beim Fressen beobachtet werden. Weintrauben und Feigen gehören hier zur bevorzugten pflanzlichen Nahrung (Radović und Kovačić 2010). Auch Pflaumen, Kirschen, Birnen, Schwarzdorn, Kornellkirschen, Sonnenblumen und Mais werden regelmäßig gefressen

(Lanszki et al. 2010, 2016; Hatlauf und Lanszki 2024). Im August bestand der analysierte Mageninhalt einer jungen Goldschakal-Fähe aus Rumänien gar zu 98% aus Mais (Banea et al. 2012). Im Winter ist der Anteil an pflanzlicher Nahrung hingegen in den meisten Gebieten gering.

Auch Teile von Ästen, getrocknete Blätter, Nadeln und Gräser tauchen sehr häufig in den Nahrungsanalysen auf, jedoch stets nur in geringer Menge (Radović und Kovačić, 2010). Denkbar ist, dass solche Bestandteile eher zufällig beim Fressen mit aufgenommen werden.

Auch Insekten werden häufig von Goldschakalen gefressen, in europäischen Ländern eher in geringerer Menge. In der Trockenzeit in Thailand machten Insekten (insbesondere Ameisen (*Dorylus* sp.) und Termiten (*Macrotermes* sp.)

^ Ob dieser Kranich *(Grus grus)* aktiv durch den Goldschakal erbeutet wurde oder nicht bereits vorher schon tot war, bleibt bei der Betrachtung dieses Bildes ungeklärt.

aber mit 94 % mit Abstand die häufigsten Nahrungsbestandteile aus (Simcharoen et al. 2020). Auch in Kambodscha ernähren sich Goldschakale zu einem großen Teil von Insekten, so bestand ein Viertel der Nahrung aus Termiten (*Hospitalitermes* spp.) (Kamler et al. 2021).

### Vögel

Vögel und Vogeleier kommen in den meisten Nahrungsanalysen vor, machen in der Regel jedoch keinen sehr großen Anteil der Nahrung aus. In Südosteuropa besteht die Nahrung der Goldschakale im Mittel zu 3-4,5 % aus Überresten von Vögeln (Lange et al. 2021). Aber auch dies variiert stark von Jahreszeit zu Jahreszeit und von Region zu Region. Vor allem während der Brutzeit, wenn Eier und Vögel – insbesondere Bodenbrüter – leicht verfügbar sind, kann der Anteil deutlich größer werden. So wurden Vögel in einem Sumpfgebiet in Griechenland von April bis Juni mit 36 % zu einer der Hauptnahrungsquellen der dortigen Goldschakale (Lanszki et al. 2008). Im selben Gebiet, aber im Herbst, war der Anteil an gefressenen Vögeln dann wieder zehnmal geringer; zudem wurden nun vor allem Fasane und Gänse erbeutet (Lanszki et al. 2010). Auch in anderen Brutgebieten ernähren sich Goldschakale während der Brutzeit vermehrt von Vögeln und Eiern. Bezüglich der Art der Vögel scheinen die Goldschakale nicht wählerisch zu sein, so wurden an der kroatischen Küste Vogelarten aus sechs unterschiedlichen Ordnungen in der Nahrung nachgewiesen: Regenpfeiferartige, Falkenartige, Sperlingsvögel, Gänsevögel, Taubenvögel und Rallen (Radović und Kovačić 2010).

### Abfall von Menschen

Goldschakale können von Menschen profitieren. Nebst Kadavern von Nutztieren und zurückgelassenen Innereien von durch den Menschen bejagtem Wild werden auch Siedlungsabfälle nicht verschmäht. Entscheidend ist dabei, wie leicht diese Abfälle zugänglich sind. Was dabei im Goldschakal-Magen landet, kann sehr unterschiedlich sein. So wurde beispielsweise in Kroatien in rund einem Viertel des analysierten Kotes Reste von Plastiksäcken, Dosen und Metall gefunden (Radović und Kovačić 2010). Auch in Griechenland wurden Netze, Plastikfolie und Bleischrot festgestellt, in Israel hingegen fraßen Goldschakale unter anderem Schokoladenpapier, Alufolie, Nylon und einen Eierbecher (Lanszki et al. 2010). In Bulgarien wurden im Winter Reste von Kirschen, Pflaumen und Wassermelonen im Mageninhalt der Goldschakale festgestellt. Da diese Früchte in dieser Jahreszeit in Bulgarien nicht wachsen, wurden auch sie wahrscheinlich auf Mülldeponien gefressen (Raichev et al. 2013).

### Reptilien und Amphibien

Auch Reptilien und Amphibien werden nicht verschmäht. Sie machen aber in aller Regel nur einen sehr kleinen Teil der gesamten Nahrung aus. In Südosteuropa besteht im Mittel lediglich 0,06 % der Biomasse, welche Goldschakale konsumieren, aus Reptilien und Amphibien (Lange et al. 2021). Nur selten wurde bei den Amphibien und Reptilien die Art der erbeuteten Tiere bestimmt.

Dort, wo es kurzzeitig zu großen Dichten von Amphibien oder Reptilien kommt, können Goldschakale in kurzer Zeit viele Tiere erbeuten. Ein Beispiel hierzu konnte in der Türkei dokumentiert werden (Yılmaz et al. 2022): Während zehn Jahren wurde das Schicksal von rund 355 000 Eiern der grünen Meeresschildkröte (*Chelonia mydas*) untersucht. Diese wurden an einem bekannten Nistplatz an der Ostküste des Mittelmeers in der Türkei in rund 3300 unterschiedliche Nester gelegt. Die große Anzahl Eier

und Jungtiere zieht diverse Beutegreifer an. Im Studiengebiet wurden während dieser zehn Jahre rund 30 % der Nester durch Goldschakale geplündert. Einige wurden nur zum Teil geplündert, bei anderen Nestern blieb kein einziges Ei übrig. Auch sieben adulte Schildkrötenweibchen wurden durch Goldschakale erbeutet. Von den geschlüpften Jungtieren schaffte es jedes Fünfte nicht bis zum Meer, da es auf dem Weg dahin gefressen wurde, 98 % davon durch Goldschakale. Im Übrigen wurden 10 % der Nester zusätzlich von Wildschweinen geplündert, ebenfalls opportunistische Allesfresser.

< Amphibien, wie hier ein Vertreter des Wasserfrosch-Komplexes *(Pelophylax)*, tauchen immer wieder in Nahrungsanalysen von Goldschakalen auf. Welche Arten gefressen wurden, wurde meistens nicht analysiert. Bei der alljährlichen Amphibienwanderung im Frühjahr, bei welcher kurzzeitig an einem Ort große Ansammlungen auftreten, nutzen Goldschakale diese gerne als einfache Beute.

< Auch Eidechsen, wie diese Ruineneidechse *(Podarcis siculus)* stehen auf dem Speiseplan des Goldschakals. Als geschickte Jäger können sich die Goldschakale anschleichen und rasch zuschlagen.

## Beutegreifer

In den Nahrungsanalysen wurden auch immer wieder Reste von Beutegreifern gefunden. Im Schnitt machten diese 0,8 % der Nahrung der südeuropäischen Goldschakale aus (Lange et al. 2021). Marder (*Martes* spp.), Dachse *(Meles meles)*, Hauskatzen *(Felis catus)* und Hunde *(Canis familiaris)* wurden dabei nachgewiesen. Vermutlich werden diese, vor allem wenn sie gesund sind, nicht aktiv durch Goldschakale gejagt, sondern vorwiegend als Kadaver gefressen. So bestand beispielsweise der Mageninhalt der Schakale in einem Gebiet in Serbien im Winter zu 4,5 % aus Haushunden. Da im selben Mageninhalt aber stets auch aasfressende Insekten festgestellt wurden, wurden die Haushunde mit sehr großer Wahrscheinlichkeit nicht aktiv durch die Goldschakale gejagt. Auch Goldschakal-Haare wurden in Mägen nachgewiesen. Ob dies darauf hindeutet, dass Goldschakale auch verstorbene Artgenossen fressen, ist nicht klar, da es sich dabei auch um Eigenhaare handeln könnte (Ćirović et al. 2014, Hatlauf und Lanszki 2024, Lanszki et al. 2016, Radović und Kovačić 2010).

## Altersschätzung anhand der Zahnabnutzung? Aufgrund der flexiblen Nahrungswahl mit Vorsicht zu genießen.

Rein optisch ist es schwierig, das Alter von Goldschakalen zu bestimmen, und bedarf viel Erfahrung. Bereits im Spätherbst kann es schwierig werden, die diesjährigen Welpen von den älteren Tieren zu unterscheiden; dafür benötigt man gute Sicht oder qualitativ hochwertige Bildaufnahmen. Die Altersschätzung an toten Tieren ist hingegen möglich. Dazu kann die Abnutzung der Schneidezähne des Oberkiefers beurteilt werden. Anhand der Gebissentwicklung und der Abnutzung kann geschätzt werden, ob es sich um ein Tier handelt, welches noch kein Jahr alt ist, oder ob es sich um ein 1–2, ein 2–3, ein 3–4-jähriges oder ein noch älteres Tier handelt. Da die Abnutzung der Zähne je nach Nahrung unterschiedlich stark sein kann, lohnt es sich, weitere Methoden zur Bestätigung der Altersschätzung anzuwenden.

Dazu ist die Betrachtung der Verknöcherung zweier Synchondroses cranii hilfreich. Dabei handelt es sich um knorpelige Verbindungen zwischen den Schädelknochen. Je nachdem, ob diese Verbindungen noch offen sind, gerade dabei sind, sich zu schließen oder bereits vollständig geschlossen sind, wird das Alter anders beurteilt. Auch mit dieser Methode kann das Alter bis dreijährig geschätzt werden, allerdings gilt auch bei dieser Methodik eine Restunsicherheit (Raychev et al. 1999). Zusätzlich liefert auch das Gewicht des Auges Informationen bezüglich des Alter des Tieres, insbesondere zwischen juvenilen und adulten Goldschakalen kann dabei unterschieden werden (Harris 1978).

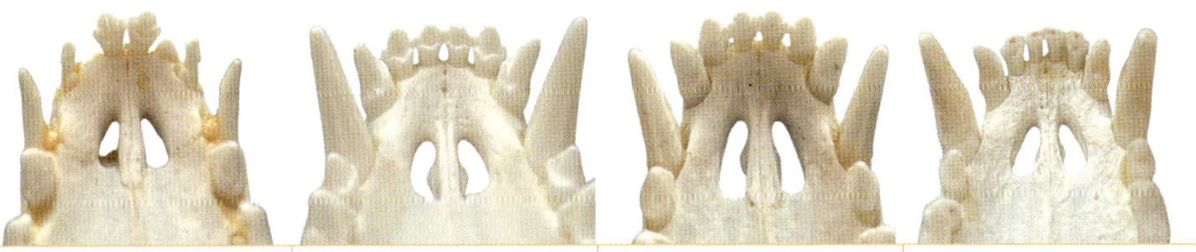

| Jungtier im Zahnwechsel | ca. 0.5–1 Jahre | 1–2 Jahre | ca. 3 Jahre |
|---|---|---|---|

< Unreife Feigen sind für Goldschakale noch nicht sehr interessant. Sobald sie aber reif sind und abfallen, sind sie für Goldschakale ein Leckerbissen und werden gerne verzehrt.

< Reife Trauben im Spätsommer oder Herbst sind auch für Goldschakale eine willkommene Abwechslung auf dem Speiseplan.

^ Zähne des Oberkiefers unterschiedlich alter Goldschakale. Anhand der Abnutzung der Schneidezähne kann mit etwas Erfahrung geschätzt werden, wie alt das Tier war.

# 4 Vorkommen des Goldschakals

## 4.1 Vorkommen und Ausbreitung

### Aktuelle Verbreitung

Historische Aufzeichnungen deuten darauf hin, dass der Goldschakal, insbesondere in Südosteuropa und auf der Balkanhalbinsel, bereits im 19. Jahrhundert sporadisch vorkam. Im späten 20. Jahrhundert begann der Goldschakal, sein Verbreitungsgebiet in Europa von dort aus zu erweitern. Die ersten Sichtungen in Ungarn und Österreich wurden in den 1990er-Jahren registriert, von wo aus sich diese Tierart weiter nach Nordwesten ausbreitete. In den letzten Jahrzehnten hat der Goldschakal seinen Bestand in verschiedenen europäischen Ländern deutlich ausgeweitet und vergrößert. Daneben erstreckt sich das Verbreitungsgebiet von Goldschakalen heutzutage über ein großes Gebiet in Russland, dem Kaukasus, Nahen Osten sowie in Zentral-, Süd- und Südostasien (Hoffmann et al. 2018).

Die genaue zeitliche Entwicklung der Goldschakal-Population in Europa bleibt zwar unklar, jedoch hat die Art in den letzten Jahren die erwähnte bemerkenswerte Ausdehnung ihres Verbreitungsgebiets erfahren. Dies ist vermutlich auf drei Kernpopulationen zurückzuführen, die aus dem Kaukasus, dem Strandja-Gebirge in Südostbulgarien und der Ostküste der Adria stammen (Spassov und Acosta-Pankov 2019). Man geht bisher davon aus, dass es in Europa mehrere natürliche und anthropogene Faktoren gibt, welche die Ausbreitung des Goldschakals potenziell begrenzen: natürliche Faktoren wie Schneehöhe oder Dauer der Schneebedeckung, große Waldgebiete, zerklüftete Topografie und die Anwesenheit von Wölfen; anthropogene Faktoren wie Lebensraumzerstörung und direkte Tötung (Vergiftung). Allerdings gibt es auch mehrere Faktoren, die eine weitere Ausbreitung stark begünstigen, darunter Änderungen der landwirtschaftlichen Praktiken (extensivere Landwirtschaftsformen) oder des Jagdregimes (intensiverer Jagddruck und folgliche Zerstreuung/Abwanderung aus den Source-Gebieten). Sozioökologische Veränderungen durch den Klimawandel könnten ebenfalls eine Rolle spielen und die Ausbreitung des Goldschakals in Zukunft weiter begünstigen (Spassov und Acosta-Pankov 2019).

Nach einem ersten Anstieg der Population gab es bereits in den 1960er-Jahren eine Phase des Bestandsrückgangs in Europa. Dieser erfolgte allerdings vor allem aufgrund intensiver Verfolgung in Südosteuropa (vor allem in Griechenland durch Vergiftungsaktionen). In den letzten Jahrzehnten haben Goldschakale ihr Verbreitungsgebiet weiter nach Norden und Westen hin erweitert. Dabei haben sie nicht nur frühere Lebensräume wie etwa Ungarn wiederbesiedelt, sondern auch viele neue Länder erschlossen (Hatlauf et al. 2021a).

Derzeit werden Goldschakale in einer Vielzahl europäischer Länder als heimisch betrachtet, darunter in den Staaten des Balkans, dem östlichen Mitteleuropa, Teilen des Baltikums und in Osteuropa. In den letzten 15 Jahren wurden Goldschakale auch weiter westlich und nördlich nachgewiesen; so etwa in der Schweiz, in Deutschland, Frankreich, den Niederlanden, Dänemark und Finnland. Kürzlich wurde sogar eine Sichtung in Norwegen verzeichnet, was den bisher nördlichsten Nachweis darstellt, und in Spanien, was den bisher westlichsten Nachweis darstellt. Die Ausdehnung ihrer Verbreitung über weite Entfernungen scheint noch nicht abgeschlossen zu sein, da etwa Nachweise in einigen Ländern wie Schweden oder kleineren Ländern wie Luxemburg bisher noch nicht dokumentiert werden konnten.

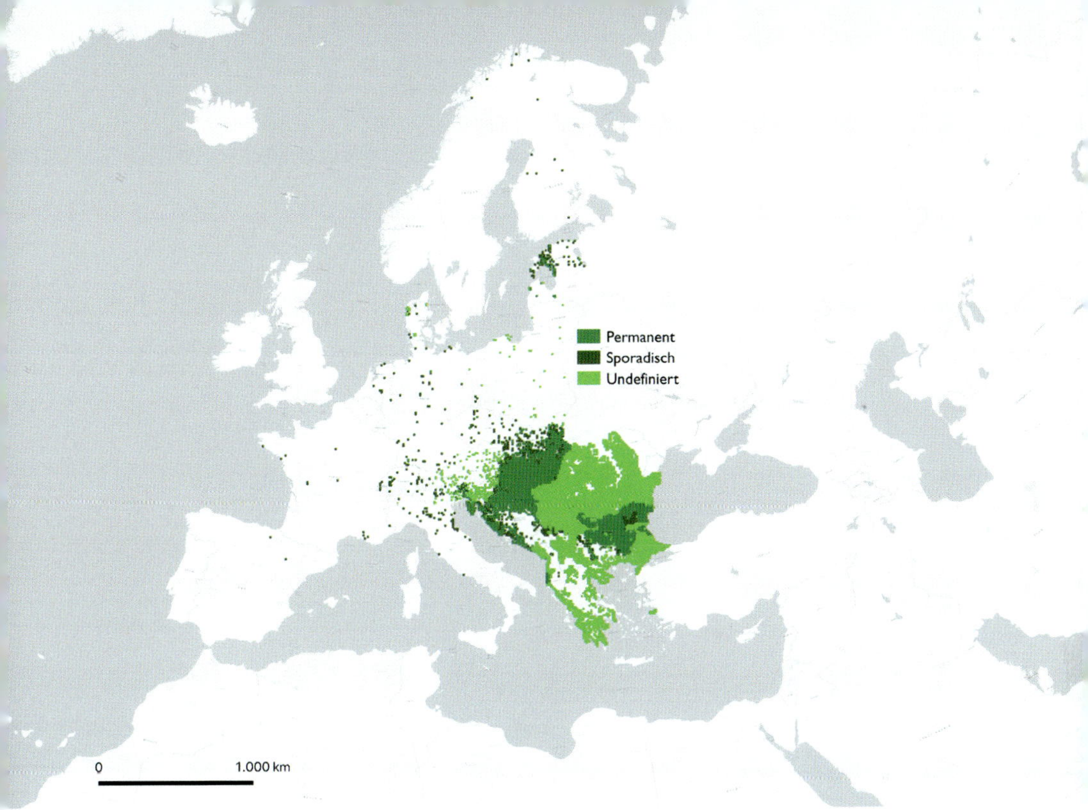


Im Gegensatz zu dem deutlichen Anstieg der Populationszahlen in Europa wurden in anderen Teilen der Welt jedoch Rückgänge auf regionaler Ebene beobachtet; so etwa in den Western Ghats des südlichen Indiens (Pillay et al. 2011).

## Entwicklung und Ausbreitung im deutschsprachigen Raum[1]

In Deutschland, der Schweiz und in Österreich hat es den Goldschakal als Wildtier bis vor wenigen Jahrzehnten nicht gegeben. Bis heute ist dieses Tier fur viele Menschen hier unbekannt. In Gruppierungen, die sich näher mit der Natur auseinandersetzen, wie zum Beispiel klassischen Naturschutverbänden und der Jägerschaft, ist die Tierart heute bekannt und seine Verbreitung und Entwicklung wird aufmerksam beobachtet. In der breiten Bevölkerung jedoch sind Informationen über den Goldschakal nach wie vor etwas Neues.

### *Österreich*

Der erste Goldschakal-Nachweis in Österreich stammt aus dem Jahr 1987 aus der Steiermark. Anschließend wurden ab und an Einzeltiere bemerkt, bis der erste Reproduktionsnachweis im Jahr 2007 dokumentiert wurde (Herzig-Straschil 2008). Ein Nationalpark-Ranger des Nationalparks Neusiedlersee-Seewinkel im Burgenland entdeckte die Welpen und konnte diese fotografieren. In Ungarn datiert der erste (erneute)

1 Der hier erwähnte deutschsprachige Raum bezieht sich auf Deutschland, Österreich und die gesamte Schweiz (auch nicht deutschsprachiger Teil). Weitere deutschsprachige Regionen werden nicht explizit erwähnt.

^ Aktuelle Verbreitung (Stand 2024) des Goldschakals in Europa.

| Bundesland | Erster Nachweis | Referenz |
|---|---|---|
| Steiermark | 1987 | Bauer und Suchentrunk (1995) |
| Niederösterreich | 1988 | Hoi-Leitner und Kraus (1989) |
| Kärnten | 1989 | Hoi-Leitner und Kraus (1989) |
| Oberösterreich | 1990 | Aubrecht (1991) – vgl. Hatlauf (2024) |
| Salzburg | 1992 | Bauer und Suchentrunk (1995) |
| Burgenland | 1996 | Petrakovics – vgl. Hatlauf (2024) |
| Tirol | 2019 | Hatlauf (2022) – vgl. Hatlauf (2024) |
| Wien | 2023 | Hatlauf (2024) |

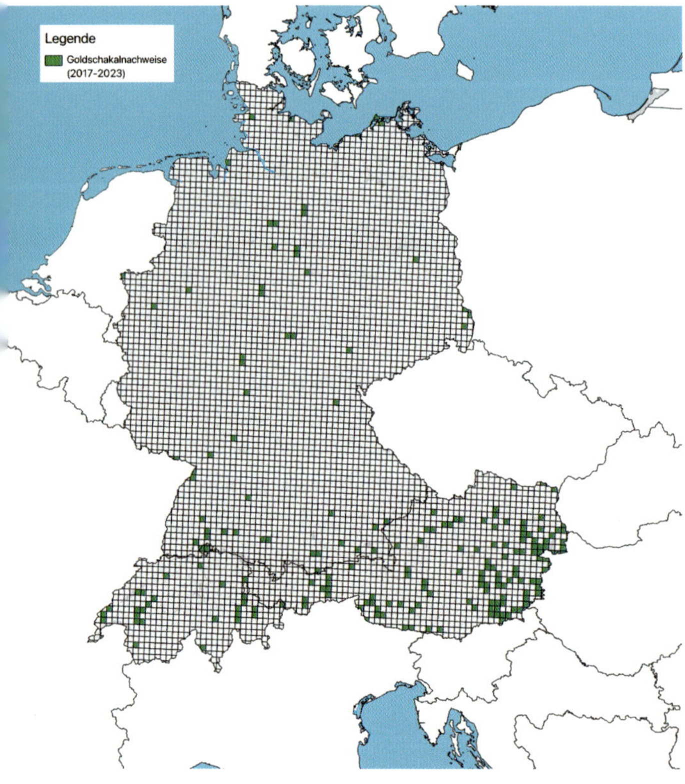


^ Tabelle: Offizielle Erstnachweise von Goldschakalen den österreichischen Bundesländern in chronologische Reihenfolge (s. Hatlauf und Krickl 2025).

< Gesicherte Goldschakal-Nachweise von 2017–202 im deutschsprachigen Raum. Jeder Quadrant, in welch ein C1 Nachweis in den erwähnten Jahren erbracht wu wurde grün eingefärbt.

> Gesicherte Goldschakal-Nachweise (C1) im deutsch sprachigen Raum der letzten Jahre. Diese Zahlen lasse eine deutliche Zunahme vermuten. Allerdings muss erwähnt werden, dass diese Zahlen auch stark davon abhängen, wie oft mögliche Nachweise den für das Mo ring zuständigen Stellen gemeldet werden. Dies wieder hängt damit zusammen, wie gut die breite Bevölkerung sensibilisiert ist. Zudem spielt es eine große Rolle, wie die möglichen Nachweise (vor allem Fotos und Videos) Nur Nachweise, welche sich definitiv bestätigen lassen werden als C1-Nachweis in die Statistik aufgenommen Was die Anzahl C1 Nachweise begünstigen kann, sind gezielte Forschungsprojekte (beispielsweise ein intensiv tes Fotofallenmonitoring im bekannten Goldschakalgeb Die Ergebnisse solch eines Monitoring sind in den hier dargestellten Daten für Deutschland enthalten, währen Nachweise aus Österreich, die im Rahmen von gezielte Fotofallenprojekten erbracht wurden, nicht aufgeführt we (es handelt sich um 134 zusätzliche C1 Nachweise). (N weise Schweiz: KORA, Nachweise Deutschland: FVA BW Nachweise Österreich: Goldschakalprojekt, Jagdverbän und Länder).

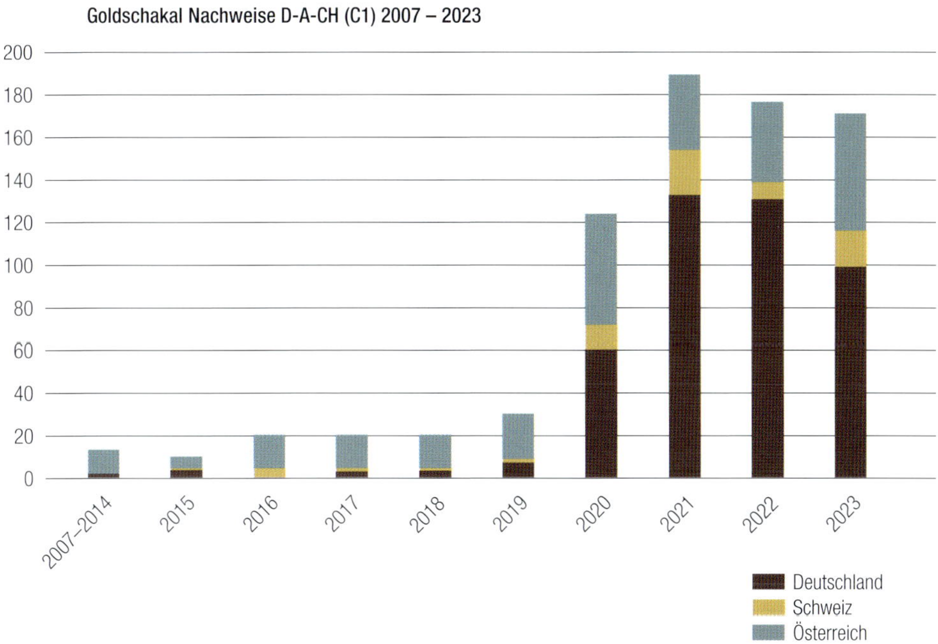


Reproduktionsnachweis auf 1995 und bereits zehn Jahre später zeigte sich eine Populationsdichte von fast 14 Tieren pro Quadratkilometer in Kerngebieten des Goldschakal-Vorkommens (Szabó et al. 2009). So schnell ging es in Österreich bisher nicht. Doch konnte 2016 das erste Mal in Österreich mittels akustischen Monitorings die Anwesenheit einer Goldschakalgruppe bestätigt werden (Hatlauf und Hackländer 2016b).

Im Rahmen des laufenden Goldschakal-Forschungsprojekts des Instituts für Wildbiologie und Jagdwirtschaft an der Universität für Bodenkultur Wien zur Erfassung des Goldschakal-Vorkommens in Österreich (und Europa) konnten seit Oktober 2015 über 250 Einzelnachweise und einige Reproduktionen bestätigt werden (Hatlauf und Krickl 2025).

In Oberösterreich wurden in den letzten zehn Jahren keine Gruppen und nur wenige Einzelnachweise erfasst; im Jahr 2022 konnten z. B. nur zwei sichere Nachweise dokumentiert werden. In Kärnten hat sich ein erstes Rudel im Jahr 2017 gezeigt, und in den Jahren 2022 und 2023 konnten zumindest zwei bzw. drei Tiere auf einigen Fotofallenbildern abgelichtet werden, was damit auch in Kärnten wiederholt Gruppenbildung, also Reproduktion bestätigte. In Tirol gab es drei Gebiete, in welchen Fotofallen die Anwesenheit von Goldschakalen eindeutig belegten und einige Risse von Schafen, welche durch DNA-Analysen eindeutig Goldschakalen zugeordnet wurden. Auch in Tirol gab es 2023 das erste Fotofallenbild mit fünf Goldschakalen zu sehen, es kam also auch hier zu Nachwuchs. In den Jahren 2019 bis 2024 gab es 50 mit DNA-Analyse bestätigte Nutztier-Rissgeschehen, welche dem Goldschakal zugeordnet wurden (Stand Okt. 2024, Österreichzentrum Bär Wolf Luchs).

### Monitoring in Österreich

In Österreich gibt es derzeit kein offiziell beauftragtes, landesweites Goldschakal-Monitoring. Während Nachweise von Wolf, Bär und Luchs im Auftrag des Österreichzentrums für Bär Wolf Luchs passiv gesammelt werden, ist dies für den Goldschakal (abgesehen von versehentlich als Wolfs- oder Hunderiss identifizierter DNA-Proben bei einem Riss) bisher nicht geschehen. Das Projekt Goldschakal in Österreich ist ein an der BOKU Universität initiiertes Forschungsprojekt, welches deshalb seit 2015 passiv (und in manchen Gebieten aktiv) Daten in Zusammenarbeit mit manchen Ländern bzw. Jagdverbänden, Naturschutzvereinen und der Citizen Science Gruppe der BOKU sammelt, und im Rahmen verschiedener Förderungen gezielt Forschungsfragen beantwortet. Meldungen können hier über www.goldschakal.at abgegeben werden. Die Projekte beschäftigten sich bisher mitunter mit Nahrungswahl, Verhalten bei Nahrungsaufnahme, Aktivitätsaufteilungen über den Tag, dem Heulen, der Losungssuche mithilfe von Spürhunden u. v. m.

### *Schweiz*

Der Goldschakal ist heute in der Schweiz noch vielerorts unbekannt. Auf Fotos wird er gerne mit dem Fuchs oder dem Wolf verwechselt. Tatsächlich wurde der erste Goldschakal aber bereits im November 2011 in der Schweiz nachgewiesen. Ob vorgängig schon einmal ein Goldschakal unbemerkt in der Schweiz unterwegs war, ist nicht auszuschließen. Während eines Fotofallenmonitorings der Stiftung KORA, bei dem es eigentlich um das Monitoring von Luchsen ging, tappte ein Goldschakal im Berner Oberland in die Fotofalle. Innert weniger Tage entstanden dann auch Fotos eines Goldschakals in den nahegelegenen Kantonen Waadt und Freiburg, mit großer Wahrscheinlichkeit handelte es sich um dasselbe Tier. Den letzten Nachweis, der vermutlich hiermit in Verbindung stand, stammt von Mitte Dezember 2011; anschließend wurde schweizweit rund vier Jahre lang kein Goldschakal mehr nachgewiesen. Im Dezember 2015 konnte dann erneut ein Goldschakal in der Surselva (Graubünden) fotografiert werden, und seither wurden in jedem Jahr einzelne Goldschakal-Nachweise in der Schweiz registriert (kora.ch, Mai 2025). Die Nachweise zeigen bis anhin kein Muster, sie sind über die gesamte Schweiz verteilt. Da vor allem junge Goldschakale auf der Suche nach Fortpflanzungspartnerin oder -partner weite Strecken zurücklegen können, ist dies nicht verwunderlich. Zehn von 26 Kantonen hatten bis dato bestätigte Goldschakal-Nachweise zu verzeichnen, von Graubünden bis nach Genf, von Schaffhausen bis ins Tessin. Die meisten Nachweise konnten bisher in den Kantonen Graubünden, Waadt, Freiburg und Genf verzeichnet werden.

Goldschakale tauchten in der Schweiz bereits in unterschiedlichsten Lebensräumen auf. Einerseits im geschützten, sumpfigen Kaltbrunner Riet auf 400 m ü. M., aber auch auf über 2200 m ü. M. im abgelegenen Berggebiet. Ebenso konnte ein Goldschakal mehrmals im Hönggerbergwald des Kanton Zürichs nachgewiesen werden, welcher

> Im Rahmen eines Unterprojektes des Goldschakal-Projektes wurden in Niederösterreich, dem Burgenland und in Kärnten Fotofallen eingesetzt, um den Aktivitätszyklus von Goldschakal und Fuchs genauer zu untersuchen. Hierbei konnten zusätzlich 134 Fotos von Goldschakalen dokumentiert werden (Suß und Hatlauf 2024).

> Der erste gesicherte Nachweis eines Goldschakals in der Schweiz entstand 2011 im Berner Oberland mit einer Fotofalle.

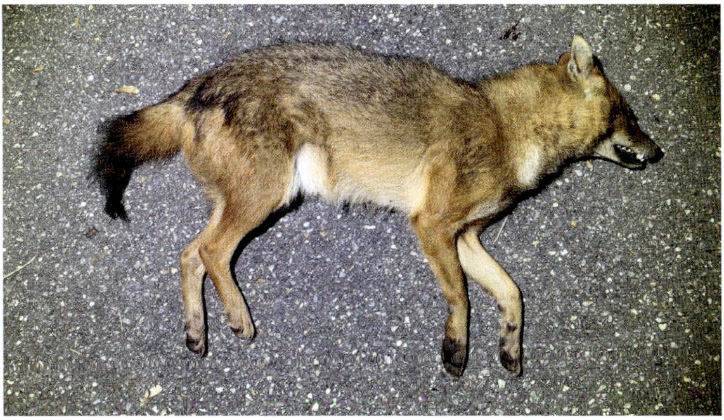

direkt an die Stadt Zürich grenzt und, mit einem dichten Wegnetz durchzogen, rege für Freizeitaktivitäten genutzt wird (kora.ch, Mai 2025).

Es wurden bisher lediglich Einzeltiere nachgewiesen, noch nie wurden mehrere Goldschakale zusammen bestätigt. Auch Nachwuchs konnte noch nicht nachgewiesen werden (Stand Juni 2025). Bis es dazu kommt, dürfte allerdings nur eine Frage der Zeit sein.

Wie viele Goldschakale bereits in der Schweiz unterwegs waren, ist unbekannt. Die Anzahl der bestätigten Nachweise pro Jahr schwanken, nehmen aber insgesamt über die Jahre zu. Es ist schwierig und oftmals unmöglich, das Geschlecht anhand von Fotos zu bestimmen. Alle Genetikproben, die bis anhin von Goldschakalen in der Schweiz untersucht wurden, wiesen männliche Tiere nach (kora.ch, Mai 2025). Bisher wurde schweizweit nachweislich ein Schaf von einem Goldschakal gerissen; zudem wurden rund 30 Hühner aufgrund des Verdachtes einer Prädation durch einen Goldschakal entschädigt (Amt für Jagd und Fischerei Graubünden 2017 & 2019).

Goldschakale wandern selbstständig aus den Nachbarländern in die Schweiz ein. Deshalb ist der Goldschakal kein invasiver Neozoon. Goldschakale sind in der Schweiz gemäß dem eidgenössischen Jagdgesetz (Stand April 2025) nicht als jagdbare Art gelistet und damit ganzjährig geschützt. Allerdings wurde einem jungen Goldschakal-Männchen in Graubünden zum Verhängnis, dass es aufgrund schwieriger Lichtverhältnisse mit einem Rotfuchs verwechselt und erschossen wurde (Amt für Jagd und Fischerei Graubünden 2016). Ähnliche Fälle treten auch in anderen, durch den Goldschakal neu besiedelten Gebieten aufgrund des hohen Verwechslungspotenzials auf. Zudem sind bisher drei Goldschakale Opfer des Straßenverkehrs geworden (Amt für Jagd und Fischerei Graubünden 2021, Medienmitteilung Kanton FR, 2019).

< Das Naturschutzgebiet Kaltbrunner Riet (Schweiz) bietet Nahrung und Deckung.

< Der Goldschakal, welcher sich 2017 einige Tage im Kaltbrunner Riet im Kanton St. Gallen aufhielt.

^ Dieser männliche Goldschakal fiel 2021 auf der A13 im Kanton Graubünden dem Straßenverkehr zum Opfer.

### KORA

KORA – Koordinationsstelle für Raubtierökologie und Wildtiermanagement – ist eine Stiftung, die unter anderem vom Bundesamt für Umwelt BAFU für das schweizweite Monitoring der Großraubtiere mandatiert ist. Nebst Nachweisen von Wolf, Luchs, Bär und Wildkatze sammelt die Stiftung auch Nachweise zum Goldschakal und stellt diese im KORA Monitoring Center (www.monitoring.kora.ch) zur Verfügung. 2025 startet KORA das erste Goldschakal-Projekt in der Schweiz, welches künftig hoffentlich viel Wissenswertes über die Goldschakale in der Schweiz hervorbringen wird und dabei hilft, die Bevölkerung über die Tierart zu informieren.

*Deutschland*

In Deutschland wurden bis 2025 in fast allen Bundesländern vor allem Einzeltiere dokumentiert, die sich wahrscheinlich auf der Wanderschaft befunden haben. Lediglich im Bundesland Saarland und in den Stadtstaaten Hamburg, Berlin und Bremen wurden bisher keine Nachweise des Goldschakals registriert (Böcker/FVA 2025, nicht veröffentlicht).

Heute ist bekannt, dass Goldschakale auch in Deutschland bereits mehrfach Welpen zur Welt gebracht haben und dass es vermutlich deutlich mehr Tiere dieser Art gibt, als offiziell bekannt ist (Böcker et al. 2023).

^ Bis anhin wurden Goldschakale in der Schweiz eher als Beifang anderer Monitoringprojekte nachgewiesen. So auch dieses Individuum, welches im Schnee unterwegs und vermutlich auf Durchwanderung war.

> Vier Goldschakalwelpen von einer Wildkamera fotografiert im August 2022, Landkreis Schwarzwald-Baar, Baden-Württemberg, Deutschland.

Der erste bekannte Nachweis eines Goldschakals in Deutschland stammt aus dem Jahr 1997 (Möckel und Podany 2015): In Brandenburg wurde beim ehemaligen Tagebau Schlabendorf-Süd ein männlicher Goldschakal erlegt. Der Nachweis erhielt damals noch wenig Aufmerksamkeit. Weitere Nachweise folgten in den darauffolgenden Jahren nur vereinzelt. In den Bundesländern Bayern, Brandenburg und Mecklenburg-Vorpommern wurden vereinzelt Schakale nachgewiesen (Tillmann 2020, Böcker et al. 2020). Stärkere mediale Aufmerksamkeit erhielt erstmals vor allem ein Nachweis aus Bayern. Dort wurde am 26.04.2012 ein Goldschakal von einer Fotofalle im bayerischen Wald im Landkreis Freyung-Grafenau fotografiert (Weingarth et al. 2012).

Erst im Jahr 2019 deuteten wiederholte Nachweise jeweils eines einzelnen Goldschakals in Hessen und in Thüringen darauf hin, dass sich die Tiere in Deutschland auch territorial verhalten (Böcker et al. 2020). Was bisher vermutet wurde, konnte hier erstmals beobachtet werden. Auch in Baden-Württemberg wurde 2020 eine ähnliche Situation beobachtet. Einzelne Goldschakalrüden wurden hier über mehrere Monate wiederholt erfasst. Diese Nachweis-Serien endeten in Baden-Württemberg bei Bad Wurzach nach 16 Monaten und in Hessen im Vogelsbergkreis nach drei Monaten. In Thüringen wurde mit mehreren längeren Pausen bis ins Jahr 2024 ein einzelner Goldschakal nachgewiesen, bei dem es sich um einen mehrjährigen Rüden handelt.

2021 wurde dem offiziellen Wolfsmonitoring der Forstlichen Versuchs- und Forschungsanstalt Baden-Württemberg die Beobachtung mehrerer Tiere mit Wolfsverdacht gemeldet. Fotos zeigten, dass es sich nicht um Wölfe, sondern um Goldschakale handelte. Weitere Untersuchungen zeigten dann, dass sich im Schwarzwald-Baar-Kreis eine Gruppe Goldschakale mit Welpen aufhielt, die im selben Jahr geboren worden waren. Auch in den darauffolgenden Jahren 2022, 2023 und 2024 wurden an diesem Ort Goldschakal-Welpen nachgewiesen (Böcker et al. 2023). Im Jahr 2024 konnten in Baden-Württemberg auch an einem weiteren Ort, diesmal im Landkreis Konstanz, Goldschakal-Welpen bestätigt werden und auch im Jahr 2025 wurden in diesen Landkreisen in neuen Gebieten Reproduktionen nachgewiesen (Böcker/FVA 2025, unveröffentlicht). Ein weiterer Welpennachweis konnte in Deutschland im Jahr 2022 in Niedersachsen im Landkreis Uelzen erbracht werden (LJN 2022). Auch Fälle von durch Goldschakale gerissene Schafe hat es in Deutschland bereits in Hessen, Bayern, Mecklenburg-Vorpommern, Niedersachsen, Nordrhein-Westfalen und Schleswig-Holstein gegeben. In diesen Fällen wurden meist einzelne Lämmer getötet. Im Mai 2025 erlangte ein Goldschakal große mediale Aufmerksamkeit, nachdem er auf der Insel Sylt in Schleswig-Holstein Schafe riss (Stand Juni 2025). Gemäß der Landesregierung Schleswig-Holstein tötete ein Goldschakal im Zeitraum vom 19. bis zum 21. Mai insgesamt 76 Lämmer.

Auf Grundlage bisheriger Nachweise und der flächigen Verbreitung derselben, kann davon ausgegangen werden, dass in Deutschland bislang viele Goldschakale unentdeckt bleiben und es möglicherweise auch an anderen Orten bereits territoriale Goldschakale und sogar Reproduktion gegeben hat. Es ist davon auszugehen, dass sowohl die Zahlen der Goldschakal-Nachweise in Deutschland als auch die Zahlen zuwandernder Goldschakale und territorialer oder gar reproduzierender Goldschakale zunehmen werden. Die tatsächliche Entwicklung kann durch die bekannten und erfassten Zahlen vermutlich nur erahnt, aber nicht korrekt abgebildet werden – wahrscheinlich gibt es weit mehr Goldschakale in Mitteleuropa, als tatsächlich bekannt ist.

## Interview Martin Hauser

Martin Hauser ist ehemaliger Förster, Jäger und Wildtierbeauftragter (WTB) im Landkreis Rastatt, Baden-Württemberg, Deutschland. Als Wildtierbeauftragter unterstützt er das Monitoring verschiedener Tierarten und ist im Landkreis Netzwerk- und Ansprechperson für Verbände, Institutionen, die Verwaltung und Privatpersonen für Fragen rund um Wildtiere.

**Was ist Ihr Beruf und wie sind sie dazu gekommen?**
Ich bin von Beruf Revierförster. Seit 2019 bin ich hauptberuflicher Wildtierbeauftragter (WTB) im Landkreis Rastatt. Im Jagd- und Wildtiermanagement-Gesetz des Landes Baden-Württemberg wurden 2015 die Aufgaben des WTB beschrieben. Diese mussten nach der Rückkehr des Wolfes in den Landkreis Rastatt vermehrt wahrgenommen werden.

**Was denken Sie über den Goldschakal?**
In Zeiten des Artenrückgangs ist der Goldschakal eine Bereicherung.

**Seit wann gibt es Goldschakale in dem Land, in dem Sie leben?**
In Deutschland wurde der erste Goldschakal im Bundesland Brandenburg 1997 nachgewiesen. In meinem Zuständigkeitsbereich im Jahr 2018.

**Wie viele Goldschakale gibt es in diesem Land?**
Die genaue Anzahl ist mir nicht bekannt. Derzeit sind nach meinen Kenntnissen zwei «Familien» in Baden-Württemberg nachgewiesen.

**Wie verlief die Zuwanderung durch den Goldschakal im Landkreis Rastatt?**
Der erste Nachweis im Landkreis Rastatt erfolgte aufgrund eines Fotofallenbildes aus der Jägerschaft im Jahr 2021. Hinzu kam ein im Straßenverkehr getötetes Tier im Jahr 2022.

**Wie reagierten die Menschen, als klar war, dass ein weiterer Prädator zur bereits heimischen Fauna hinzukommt?**
Die Presse berichtete sehr positiv über den Nachweis und das Fotofallenbild. Negative Reaktionen gab es bis auf wenige Ausnahmen nicht.

**Was wurde getan, um einen guten Umgang mit dem Goldschakal zu realisieren?**
Zum Aufgabenbereich des Wildtierbeauftragten gehört auch die Öffentlichkeitsarbeit zum Thema Wildtiere. Diese habe ich beim Goldschakal genutzt, um eine gute Stimmung für die Art zu etablieren. Informationen speziell für die Jägerschaft erfolgten auch durch die Forstliche Versuchs- und Forschungsanstalt Freiburg (FVA). Für das Monitoring wurden Fotofallen aufgestellt und mutmaßliche Sichtungen verstärkt untersucht.

**Wie ist die Stimmung in der Gesellschaft gegenüber Goldschakalen heute?**
Die (positive) Stimmung hat sich nicht verändert. Allerdings konnten – bis auf ein Fotofallenereignis im Jahr 2024 – keine weiteren Nachweise bestätigt werden.

**Wie wird das Wildtiermanagement beim Goldschakal in Ihrem Land durchgeführt?**
Das Monitoring ist nach meiner Kenntnis noch nicht ausreichend etabliert.

**Wie denken Sie über die Zukunft des Goldschakals in ihrem Land?**
Aufgrund der nachgewiesenen Reproduktionen rechne ich mit einer Besiedlung.

**Welche positiven Aspekte bringt die Zuwanderung des Goldschakals mit sich?**
Darüber fehlt mir das Wissen. Neben mehreren anderen rückkehrenden Arten ist der «Neuling» Goldschakal für mich allerdings ein interessanter Aspekt der Artenwanderungen, ggf. auch aufgrund des Klimawandels.

**Was war die größte Überraschung im Zusammenhang mit dem Goldschakal für Sie?**
Das nur unzureichende Wissen über diese Art – auch bei mir – und v.a. in der Jägerschaft. Dies betrifft ganz besonders das Aussehen. Unterscheidungsmerkmale zum Fuchs sind auch heute noch nicht bei allen Jägerinnen und Jägern so präsent, um auf den ersten Blick eine sichere Unterscheidung zwischen Fuchs und Goldschakal vornehmen zu können.

**Was empfehlen Sie Regionen im Umgang mit dem Goldschakal, in denen die Tierart gerade erst auftaucht?**
Eine gute Öffentlichkeitsarbeit über diese Art und ein entsprechendes Monitoring.

**Gibt es weitere Kommentare? Etwas, das Sie zum Thema Goldschakal loswerden möchten?**
Mitarbeiterinnen und Mitarbeiter vom Wildtierinstitut der FVA in Freiburg haben mit ihrem Wissen über den Goldschakal sehr zu der guten Öffentlichkeitsarbeit und der Information an die Jägerschaft in Baden-Württemberg beigetragen. Dies war beim erstmaligen Nachweis dieser Art die Grundlage für den Beginn des Monitorings und für die daraus folgenden Reproduktionsnachweise.

In Deutschland sind die obersten Naturschutzbehörden der Bundesländer für den Goldschakal und sein Management zuständig. Häufig sind es entsprechend die Landesumweltämter, die die Erfassung von Goldschakalhinweisen und -nachweisen bearbeiten. Aufgrund vieler artspezifischer und monitoringmethodischer Ähnlichkeiten zwischen dem Goldschakal und den großen Beutegreifern Wolf, Luchs und Bär, sind auch diejenigen Personen die richtigen Ansprechpersonen für das Thema Goldschakal, die das Monitoring der großen Beutegreifer in den Bundesländern bearbeiten. In einigen Ländern sind dies die Landesumweltämter, in manch anderen aber auch andere Strukturen, wie selbstständige, beauftragte Büros, Interessensverbände oder Landesforschungsinstitutionen.

^ Goldschakale graben gerne oder übernehmen Baue von anderen Arten, wie beispielsweise Fuchs oder Dachs..

> Olivenhaine in Kroatien bieten ideale Bedingungen: genügend Nahrung und viel Deckung.

## 4.2 Lebensraum

Wie bei der Ernährung ist der Goldschakal auch bezüglich des Lebensraumes flexibel und anpassungsfähig. Insbesondere durchziehende Tiere sind fast in jedem Lebensraum anzutreffen. Für die Eignung eines längerfristigen Lebensraums müssen allerdings gewisse Voraussetzungen gegeben sein. So muss ein Lebensraum genügend verfügbare Nahrung bieten. Das Gelände muss das Graben von Wurfhöhlen erlauben oder vergleichbare Strukturen, die die Jungenaufzucht erlauben, müssen vorhanden sein. Des Weiteren

benötigen Goldschakale als heimlich lebende Tiere insbesondere in Gebieten, in welchen auch Menschen anzutreffen sind, genügend Deckung (Hatlauf et al. 2016). Ein weiteres Kriterium dafür, dass sich ein Gebiet als Lebensraum eignet, ist, dass es nicht bereits durch andere Goldschakal-Familien besetzt ist (intraspezifische Konkurrenz) und auch keine anderen konkurrenzstarken Arten das Gebiet für sich beanspruchen (interspezifische Konkurrenz).

Goldschakale nutzen eine Vielzahl von unterschiedlichen Lebensräumen. Wenn immer möglich, werden sie jenen Lebensraum wählen, welcher am meisten Nahrung, den optimalen Schutz und die beste Deckung bietet. Als Opportunist und aufgrund seiner Anpassungsfähigkeit kann er aber auch in weniger geeigneten Lebensräumen überleben. So ist er in mediterranen Küstengebieten, in Halbwüsten, in Feucht- und Sumpfgebieten, in Auenwäldern, in Siedlungsnähe, in Naturschutzgebieten, in Wäldern und im landwirtschaftlich genutzten Kulturland anzutreffen (Giannatos 2004; Yusefi et al. 2021; Šálek et al. 2014; Stoyanov 2012). In verschiedenen Ländern Südosteuropas konnte gezeigt werden, dass Goldschakale in unseren Breitengraden halboffene, strukturreiche Landschaften mit viel Strauchvegetation bevorzugen (Pyšková et al. 2018; Giannatos 2004; Torretta et al. 2020). Oftmals handelt es sich dabei um extensiv genutzte, reich strukturierte, landwirtschaftliche Flächen oder um Feuchtgebiete (Giannatos 2004; Šálek et al. 2014; Szabó 2016). Großflächige, intensiv bewirtschaftete Landwirtschaftsflächen ohne natürliche Strukturen als Deckung sind für Goldschakale hingegen weniger geeignet und können sogar eine Barriere für die weitere Verbreitung darstellen.

Kleinere, offene Laubwälder mit entsprechender Strauchschicht und Lichtungen werden ebenfalls gerne als Lebensraum genutzt, während großflächige Wälder mit dichtem Blätterdach grundsätzlich weniger gut geeignet sind (Giannatos 2004; Markov 2012; Torretta et al. 2020; Frangini et al. 2022b).

Goldschakale breiten sich oftmals entlang von Gewässern aus (Giannatos 2004; Tóth et al. 2009; Frangini et al. 2022b). Sie sind oft an Flusstälern oder in feuchten Gebieten im Schilfgürtel anzutreffen, sehr trockene Gebiete meiden sie (Giannatos 2004; Yusefi et al. 2021).

Vielerorts wurde gezeigt, dass Goldschakale flache, tief gelegene Gebiete gegenüber steilen, höher gelegenen Gebieten bevorzugen (Spassov und Acosta 2019; Rezaei 2022; Tsunoda et al. 2020). Das dürfte auch daran liegen, dass in unseren Breitengraden solche Regionen selten während längerer Zeit schneebedeckt sind, denn andauernden Schneedecken gehen Goldschakale wenn möglich aus dem Weg: Sie erschweren nicht

nur die Nahrungssuche, sondern auch die Fortbewegung erheblich (Spassov und Acosta 2019). In den letzten Jahren verbreiten sich Goldschakale allerdings vermehrt auch in kälteren, nördlicheren Gegenden (s. Kapitel Verbreitung). Ob sich die Goldschakale dabei auch an Lebensräume anpassen werden, in denen über längere Zeit viel Schnee liegt, wird sich zeigen. Erste Anzeichen dafür, dass sich der Goldschakal auch an solche Territorien gewöhnen kann, gibt es allerdings bereits schon in Österreich (Potočnik et al. 2024).

^ Wurzacher Ried, Baden-Württemberg (Deutschland). Hier hielt sich fast zwei Jahre lang ein einzelner männlicher Goldschakal auf.

*Nächste Doppelseite:*
Grundsätzlich können Goldschakale jederzeit und fast überall auftauchen. Insbesondere, wenn die jüngeren Tiere auf der Suche nach einem Fortpflanzungspartner abwandern. So wurde im April 2019 überraschenderweise in der Nähe von Livignio (Italien) ein Goldschakal auf 2350 m ü. M. auf einer geschlossenen Schneedecke neben einem Alpenmurmeltier *(Marmota marmota)* fotografiert; zweifellos kein alltäglicher Anblick.

Auch Siedlungsgebiete oder die daran angrenzende Umgebung können durch Goldschakale genutzt werden. Es gibt Studien, welche darauf hindeuten, dass unter gewissen Umständen von Menschen geprägte Landschaften von Goldschakalen sogar bevorzugt werden. Dies gilt insbesondere dann, wenn in einem Gebiet vom Menschen geschaffene Nahrungsquellen in ausreichender Menge zur Verfügung stehen, beispielsweise offene Mülldeponien (Rezaei 2022; Giannatos 2004; Rotem et al. 2011). Ob sich Goldschakale aber über längere Zeit in unmittelbarer Nähe zu Menschen aufhalten, dürfte schlussendlich vor allem davon abhängen, welche Nahrung wo verfügbar ist, ob es andere konkurrenzstarke Wildtiere im Gebiet gibt und welches Risiko von den Menschen ausgeht (Straßenverkehr, Bejagung etc.). Vermutlich nutzen Goldschakale von Menschen dominierte Gebiete nur, wenn der Nutzen das Risiko überwiegt (Jenks et al. 2015; Rotem et al. 2011).

Leben Goldschakale in der Nähe des Siedlungsgebietes, ist es entscheidend, dass gut geeignete Tageseinstände mit entsprechender Deckung vorhanden sind. In der Nähe von Menschen sind Goldschakale in der Nacht aktiv und ruhen tagsüber (Bulmer 2015; Rotem et al. 2011). Dann kann auch mal eine hochgewachsene landwirtschaftliche Kultur, wie beispielsweise ein Maisfeld, als Tageslager in Siedlungsnähe genutzt werden. Die Dichte und die Verteilung der Tageseinstände scheinen nebst dem Angebot an Nahrung für die Anzahl und die Zusammensetzung der Schakal-Familien zentral zu sein (Giannatos 2004).

Studien zeigen, dass Goldschakale im Siedlungsgebiet in größeren Gruppen (selten sogar bis zu 20 Tiere) unterwegs sind als in Landschaften, die weniger vom Menschen geprägt werden

(Bulmer 2015, Jenks et al. 2015, Macdonald 1979). Wie dieser Befund zu interpretieren ist, ist allerdings nicht klar. Zum einen kann es darauf hindeuten, dass die Gruppenbildung den vorsichtigen Goldschakalen mehr Sicherheit gegenüber den Menschen bietet. Zum anderen sind siedlungsnahe Gebiete auch Orte, an denen mehr anthropogene Nahrungsquellen zu finden sind. Zumindest in Gebieten mit offenen Müllhalden lässt sich die erhöhte Gruppengröße daher vermutlich vor allem durch die leicht verfügbare Nahrung erklären. Möglicherweise ist es den Schakalen durch sehr gut verfügbare Ressourcen möglich, dynamischere Gefüge innerhalb des Sozialsystems auszubilden. So können sich hier einfacher Territorien überlappen, junge Schakale später abwandern oder mehrere Reproduktionen durch mehrere Fähen innerhalb eines Territoriums stattfinden. Diese Variationen sind auch von anderen Tieren wie Wölfen bekannt.

Grundsätzlich kann man davon ausgehen, dass Goldschakale in Gebieten, in welchen sie neu auftauchen, als Erstes den am besten geeigneter Lebensraum nutzen. Sobald ein Gebiet von mehreren Goldschakal-Familien bewohnt wird, kann es aber auch sein, dass die abwandernden oder konkurrenzschwächeren Tiere in weniger geeignete Lebensräume abgedrängt werden. Die Präsenz von Wölfen kann dazu führen, dass sich Goldschakale eher in Siedlungsnähe aufhalten. Dies ist aber abhängig vom vorhandenen Nahrungsangebot für Wolf und Goldschakal, welches je nach Jahreszeit unterschiedlich sein kann (Rezaei 2022; Torretta et al. 2020).

< Offene Mülldeponien bieten viel anthropogene Nahrung und ziehen deshalb einige Goldschakale an.

^ Foto durch das Fernglas: Goldschakale sind zwar gegenüber Menschen sehr scheu, anthropogene Nahrung lassen sie sich aber nicht entgehen. So drehen sie ihre Runde im Revier auch mal auf dem Campingplatz, sobald es dunkel wird.

## Wildunfälle und Vernetzung

Goldschakale werden regelmäßig Opfer des Straßenverkehrs (Torretta et al. 2020, Bulmer 2015). Es ist nicht bekannt, für wie viel Prozent aller toten Goldschakale der Straßenverkehr verantwortlich ist, doch spricht einiges dafür, dass er eine nicht unerhebliche Rolle spielt. So wurden beispielsweise in Deutschland in den vergangenen zehn Jahren 16 durch den Straßenverkehr getötete Goldschakale registriert – und dies, obwohl die Goldschakal-Dichte in Deutschland noch gering ist (Stand April 2025, FVA unveröffentlicht).

Straßen, aber auch andere Infrastrukturen, führen zudem zur Zerschneidung von Lebensräumen. Das ist gerade für Arten, die sich über größere Räume bewegen, ein Problem; so zum Beispiel, wenn junge Goldschakale auf der Suche nach einem neuen, noch unbesetzten Territorium sind. Die Zerschneidung von Lebensräumen erschwert die Besiedlung neuer Gebiete sowie den genetischen Austausch zwischen unterschiedlichen Populationen. Um die fragmentierten Lebensräume wieder zu vernetzen, müssen zwischen den Lebensräumen Gebiete erhalten oder geschaffen werden, in denen sich Wildtiere möglichst ungestört bewegen können. Als Alternative zu deckungsreichen Naturräumen können dies auch Kunstbauten wie Wildtierbrücken über Autobahnen sein. Ebenso wie diverse Wildtierarten profitiert davon auch der Mensch: Das Risiko von Kollisionen zwischen Fahrzeugen und Wildtieren kann so deutlich minimiert werden. Als alternative Unfallverhütungsmaßnahme können Wildtiere auch optisch, akustisch oder geruchlich vor den Fahrzeugen gewarnt werden, diese Maßnahmen sind oftmals jedoch nur kurzzeitig wirksam. Des Weiteren können die Autofahrerinnen und -fahrer vor Kollisionen mit Wildtieren gewarnt werden. Dies ist insbesondere dann wirksam, wenn diese nur dann gewarnt werden, wenn tatsächlich Wildtiere auf der Fahrbahn sind (Reifler-Bächtiger et al. 2021).

^ Die Fahrzeuglenker werden durch Blinklichter gewarnt, wenn sich Wildtiere auf der Fahrbahn befinden. Die Fahrt wird verlangsamt, und das Risiko für einen Unfall sinkt.

^ Blaue Reflektoren reflektieren das Licht von sich nähernden Fahrzeugen. Dies soll Wildtiere dazu veranlassen, sich von der Straße zu entfernen. Die Wirksamkeit ist jedoch oft nur kurzzeitig gegeben.

## 4.3 Raumnutzung

Goldschakale leben territorial, das heißt, dass adulte Tiere ein Gebiet für sich und ihr Rudel beanspruchen. Das Territorium wird olfaktorisch mit Kot, Urin und Kratzspuren und akustisch mit dem typischen Heulen markiert. In Regionen, in denen Goldschakale flächendeckend vorkommen, wird ein Territorium in der Regel von einem adulten Paar und deren Nachkommen aus verschiedenen Jahren besetzt. Die Größe solcher Gruppen variiert je nach Lebensraum und Nahrungsverfügbarkeit, so werden Gruppen aus 2 bis 10 Tieren beschrieben. Durch abwandernde Jungtiere, die die Geschlechtsreife erreicht haben, sowie durch alte (nicht mehr reproduzierende), sterbende oder verdrängte Tiere gibt es eine stetige Dynamik innerhalb der Territorien. Dies kann auch Einfluss auf benachbarte Rudel und deren Gebietsnutzung haben. Bei hohen Ressourcenansprüchen von Goldschakalen in Gebieten mit gesättigter Dichte kommt es vermutlich auch zu direkten Kämpfen zwischen den Tieren. Dort, wo es bisher keine Goldschakale gegeben hat und abwandernde Jungtiere erstmals auftauchen, können diese zuerst allein ein Territorium etablieren. Bis weitere Goldschakale zuwandern und sich Paare bilden, leben diese Tiere vermutlich häufig über mehrere Jahre allein in ihrem Territorium (Klamm 2020; Klamm et al. 2024). Nach einer Paarbildung kommt es in der Regel im folgenden April/Mai zur Geburt erster Welpen.

Die Größe der beanspruchten Territorien ist abhängig von verschiedenen Ressourcen, wie Nahrungsverfügbarkeit und Rückzugsmöglichkeiten, aber auch von der Topografie, der Lebensraumstrukturierung oder anthropogenen Einflüssen. Weil diese Faktoren im Verbreitungsgebiet des Goldschakals stark variieren können, können auch die Territorien- und Streifgebietsgrößen sehr unterschiedlich sein. Über Telemetrie-Studien, in denen Goldschakale mit Halsbandsendern ausgestattet werden, können sehr genaue Daten über die Lebensraumnutzung erhoben werden. Bewegungsmuster und Ressourcennutzung der Goldschakale sind scheinbar stark von Rhythmen beeinflusst: So zeigte eine Studie, dass die Tiere tagsüber durchschnittlich 300 m alle 6 Stunden zurücklegten, wobei alle beobachteten Individuen dichte Vegetationsbedeckung bevorzugten und sich oft in der Nähe von Rändern (Strukturänderung wie z.B. Wald/Feld) aufhielten. Nachts bewegten sich die Goldschakale hingegen signifikant schneller voran (1 km pro 6 Stunden) und hielten sich eher außerhalb von Deckung in landwirtschaftlichen Gebieten auf (Fenton et al. 2021). Studien aus Europa zeigen Streifgebietsgrößen von 1,01 km² (MCP95) für Italien (Frangini et al. 2022a), bis zu 32,5 km² für Ungarn und Serbien (KERNEL 90), wobei die durchschnittliche Größe der Streifgebiete der Goldschakale beider Länder 11,2 km² beträgt (Fenton et al. 2021). Die durchschnittliche Streifgebietsgröße von weiteren untersuchten Goldschakalen in Ungarn betrug 14,38 ± 2,27 km² (Csányi et al. 2024). Hier hatten Männchen größere Streifgebiete als Weibchen. Die genutzten Räume veränderten sich je nach dem, in welcher biologischen Periode (z.B. Fortpflanzung, Jungenaufzucht) sich die Tiere gerade befanden. Diese beispielhaften Zahlen zeigen deutlich, dass die Größe der von Goldschakalen genutzten Fläche sehr unterschiedlich sein kann. Besonders in Regionen, in denen anthropogene Nahrungsquellen wie beispielsweise Abfallhalden regelmäßig genutzt werden können, können die Streifgebiete sehr klein sein. Die Verfügbarkeit natürlicher Nahrung verändert sich auch über den Jahresverlauf, sodass auch die zeitliche Dynamik eine Rolle bei der Streifgebietsgröße spielt.

^ GPS-Halsbänder liefern wertvolle Daten über die Raumnutzung und die Lebensweise der besenderten Tiere.

## 4.4 Aktivitätszyklen

Aktivitätsmuster von Goldschakalen hängen stark von Umweltbedingungen, Ressourcenverfügbarkeit und anthropogenen Einflüssen ab. Für Europa zeigen Studien, dass Goldschakale überwiegend nachtaktiv sind, insbesondere in Regionen mit hoher menschlicher Präsenz. Diese Anpassung minimiert Konflikte mit Menschen und erhöht die Überlebensrate (Pantelić et al. 2024). In von Menschen weniger frequentierten Gebieten wurden auch Phasen der Dämmerungs- und Tagesaktivität beobachtet. Global gesehen variieren die Aktivitätsmuster jedoch je nach Lebensraum. In Asien etwa, wo Goldschakale in natürlichen und landwirtschaftlich geprägten Ökosystemen vorkommen, sind sie durchaus auch tagaktiv. Aus einer indischen Studie ist bekannt, dass das Bewachen der Baue durch die adulten Tiere während der Jungenaufzucht in den Nachtstunden (00:30–05:00 Uhr) deutlich zunahm, da die Jungen in dieser Zeit besonders anfällig für Prädation sind (Mukherjee et al. 2018). Während dieser Zeit zeigten die erwachsenen Tiere und die Welpen ein echtes kathemerales Verhalten, waren also sowohl tagsüber als auch nachts aktiv.

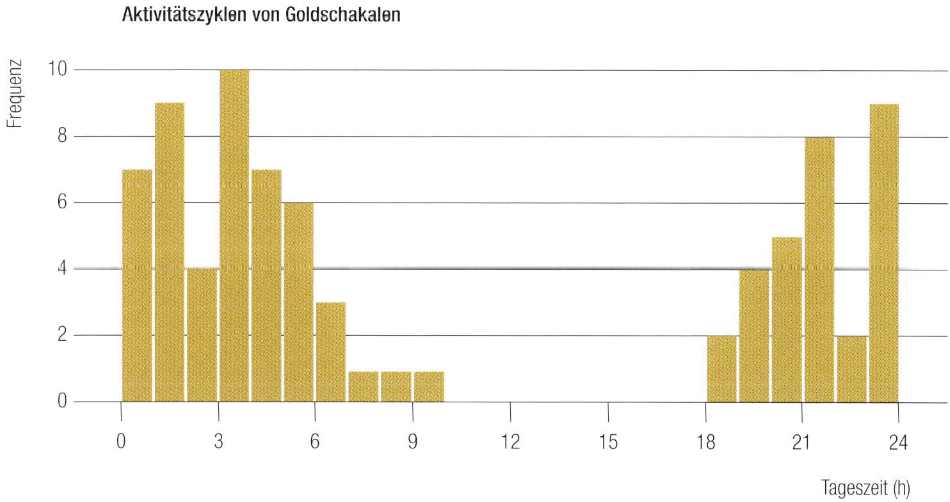


^ Auf Basis von Fotofallenbildern welche über mehrere Jahre hinweg in einem Untersuchungsgebiet im Burgenland aktiv waren, zeigt sich, dass Goldschakale vor allem zwischen 18 Uhr abends und 9 Uhr früh ihre Runden ziehen.

# 5 Bedeutung des Goldschakals im Ökosystem

Es ist eine besondere Herausforderung, den Einfluss der einen Wildtierart auf die andere hat oder die Beziehung zwischen zwei Arten eindeutig zu bestimmen. Denn alle Wildtiere sind Teil eines Ökosystems und ihre Wechselwirkungen werden von unzähligen Faktoren beeinflusst; so etwa vom Nahrungsangebot, von Prädatoren, vom Lebensraum, vom Klima, von innerartlicher und zwischenartlicher Konkurrenz, von Stressfaktoren wie Krankheiten und Störungen. Ist nun das Ziel, den Einfluss der einen Art auf eine andere einzuschätzen, müssen die übrigen Faktoren, welche eine Wildtierpopulation beeinflussen, ebenfalls berücksichtigt werden. Dies kann in der Praxis eine große Herausforderung darstellen.

In Gebieten, in welche der Goldschakal neu einwandert, stellt sich die Frage, inwiefern der neue Beutegreifer die bereits vorkommenden Arten beeinflussen wird. Seine Flexibilität bezüglich der Nahrungswahl und seine Anpassungsfähigkeit machen es schwierig, seinen Einfluss auf das Ökosystem im neuen Verbreitungsgebiet vorherzusagen. Die Beziehungen zu anderen Wildarten können sich je nach Population stark unterscheiden. In einigen der bereits besiedelten Gebiete konnten unterschiedliche Auswirkungen festgestellt werden; diese werden im Folgenden aufgezeigt.

< Auch Rehe können, vor allem, wenn Goldschakale in der Gruppe jagen, erbeutet werden. Die Auswirkung von Goldschakalen auf die Rehpopulation ist nicht gänzlich geklärt. Obwohl ein Einfluss auf lokaler Ebene möglich ist, führt die Präsenz von Goldschakalen flächig vermutlich zu keinem negativen Einfluss auf die Rehpopulation.

## 5.1 Goldschakal als Beutegreifer

Kommt eine Tierart neu in ein Gebiet, in welchem sie vorher nicht existierte, hatten die dort vorkommenden Wildtiere bis zum Einwanderungszeitpunkt keine Möglichkeit, sich im Rahmen der Koevolution auf diese Tierart einzustellen. Das kann für die einheimische Fauna problematisch sein. Ähnliche Situationen wurden in vielen Teilen der Welt beobachtet. So wurden beispielsweise starke Rückgänge mittelgroßer Beuteltiere, wie dem Schwarzpfoten-Felskänguru festgestellt, nachdem Rotfüchse durch Menschenhand nach Australien gebracht wurden (Saunders et al. 2010).

Die kleineren einheimischen Wildtiere in Mitteleuropa konnten sich über viele Generationen an die Präsenz des Rotfuchses anpassen – einen mittelgroßen Nahrungsgeneralisten, wie auch der Goldschakal einer ist. Diese Anpassungen werden vermutlich auch im Zusammenleben mit dem Goldschakal von Vorteil sein. Größere Beutetiere, wie das Reh, der Rothirsch und Wildschweine, mussten sich über viele Generationen an die Präsenz des Wolfs anpassen. Dies wird vermutlich auch im Hinblick auf den einwandernden Goldschakal von Vorteil sein, da dieser ebenfalls im Familienverband jagt und somit auch größere Beutetiere erbeuten kann.

Der Goldschakal ist ein Nahrungsgeneralist. Das heißt, er ist nicht auf eine Beuteart spezialisiert, sondern frisst, was gerade einfach verfügbar ist. Dies verringert grundsätzlich den Prädationsdruck auf die einzelnen Beutetierarten. Nichtsdestotrotz ist es auf lokaler Ebene möglich, dass Goldschakale Beutetiere negativ beeinflussen. Insbesondere, wenn es sich um kleine, stark fragmentierte oder bereits geschwächte

## Der Einfluss von Prädatoren auf ihre Beute – eine theoretische Grundlage

Die Beziehung zwischen Beutegreifern und ihrer Beute ist komplex. Einerseits haben die Prädatoren einen Einfluss auf ihre Beutetiere (top down), andererseits beeinflussen die Beutetiere die Beutegreifer (bottom up) (Heurich 2019).

Beutegreifer beeinflussen ihre Beutetiere in unterschiedlicher Art und Weise. Man spricht dabei von letalen und nicht letalen Effekten, die sie auf ihre Beute ausüben können. Bei den letalen Effekten geht es darum, wie viele und welche Beutetiere erbeutet werden. Der letale Effekt führt zur additiven oder kompensatorischen Sterblichkeit der Beutetiere. Bei der kompensatorischen Sterblichkeit werden vorwiegend Individuen durch Prädatoren getötet, die auch ohne Prädation eine geringe Überlebenschance hätten. Dazu zählen vor allem Jungtiere oder geschwächte adulte Tiere. Dieser Effekt tritt eher bei größeren, schwer zu erbeutenden oder wehrhaften Beutetierarten auf. Bei der additiven Sterblichkeit der Beutetiere werden auch Individuen erbeutet, die ohne Prädation eine hohe Überlebenswahrscheinlichkeit hätten und bei denen mit Fortpflanzungserfolg zu rechnen ist. Die additive Sterblichkeit hat entsprechend einen stärkeren Einfluss auf die Population der Beutetiere als der kompensatorische Effekt (Heurich 2019).

Bei den nicht letalen Effekten geht es um die Verhaltensanpassungen, die Beutetiere entwickeln, um das Risiko, durch die Beutegreifer getötet zu werden, zu minimieren. Sie führen zu einem Feindvermeidungsverhalten. Dies kann in einer Anpassung der Lebensraumnutzung resultieren, oder darin, dass sie sich vermehrt in größeren Gruppen aufhalten. Auch wird oftmals mehr Energie in aufmerksames Verhalten investiert, um Prädatoren früher entdecken zu können (Heurich 2019).

Es liegt auf der Hand, dass auch die Prädatoren wiederum auf die Verhaltensänderung der Beutetiere reagieren müssen. Daher sind Prädatoren und Beutetiere stark voneinander abhängig. Leben sie über viele Generationen im selben Gebiet, führt dies zu einer Koevolution. Im Laufe der Zeit optimieren die Beutetiere ihre Feindvermeidungsstrategie und die Beutegreifer verbessern ihre Jagdstrategien.

Beutetierpopulationen handelt (z.B. durch Störung, Lebensraumzerschneidung oder Krankheit) (Scott Mills 2012).

Vielerorts bestehen Befürchtungen bezüglich des Einflusses der Goldschakale auf jagdbare Arten wie Rehe, Wildschweine oder Feldhasen. Diverse Nahrungsanalysen haben gezeigt, dass all diese Arten Bestandteil der Goldschakal-Nahrung sein können, es ist jedoch nicht damit zu rechnen, dass sich Goldschakale als Opportunisten auf eine dieser Arten spezialisieren. Das Wissen bezüglich des Einflusses des Goldschakals auf konkrete Beutetierarten ist jedoch noch nicht groß. Man ist hierzulande daher darauf angewiesen, Forschungsresultate aus Südeuropa heranzuziehen und zu überlegen, wie weit Analogien hergestellt werden können. Es konnte beispielsweise Folgendes festgestellt werden:

— In Griechenland leben Wildschweine und Goldschakale im selben Gebiet in hoher

Dichte miteinander. Zumindest dort scheinen die Schakale keine große nummerische Auswirkung auf die Wildschweine zu haben (Giannatos 2004). Es wird sogar vermutet, dass die Goldschakale eher den Wildschweinen ausweichen.

— In Serbien konnten bei der Betrachtung der Jagdstatistik über neun Jahre keine negativen Einflüsse durch die Goldschakal-Präsenz auf andere Wildarten festgestellt werden. Trotz des stark zunehmenden Goldschakal-Bestandes blieben die Abschusszahlen der Feldhasen über die Jahre stabil, Reh- und Wildschweinabschüsse nahmen in derselben Zeit zu (Ćirović et al. 2016).
— Ähnliche Trends konnten auch für Rehwild in Ungarn gezeigt werden. Während die Anzahl erlegter Goldschakale zwischen 2006 und 2016 deutlich zunahm (von 359 auf 4225 Tiere), nahm auch die Rehwildstrecke in derselben Zeitspanne deutlich zu (von rund 80'000 auf 114'693). Auch die Damwild- und Schwarzwildstrecke stieg in derselben Zeit deutlich an (Hatlauf et al. 2018; Burbaiteė und Csányi 2009).

Die Betrachtung von großflächigen Jagdstatistiken liefert keine eindeutigen Antworten, bzw. müssen mögliche Jagdzeiten, Jagdtechniken, Jagdsysteme und Fehlinterpretationen berücksichtigt werden. Trotzdem können jagdliche Statistiken wertvolle Tendenzen aufzeigen. Ersichtlich ist, dass Goldschakale wohl kaum großflächig zur Verdrängung größerer Huftiere führen werden.

Ob die Präsenz von Goldschakalen lokal einen Einfluss auf Wildhuftiere haben kann, ist noch unklar. Obwohl die Damwildstrecke in Ungarn insgesamt zwischen 2006 und 2016 zunahm, zeigte sie regionale Unterschiede. So nahm sie in einem der Hauptverbreitungsgebiete der Goldschakale in derselben Zeit ab. In einem anderen Hauptverbreitungsgebiet stieg die Damwildstrecke im selben Zeitraum jedoch an. Ähnliche Tendenzen zeigen dort auch die Rehwildstrecken (Hatlauf et al. 2018). Es ist nicht geklärt, inwiefern andere Faktoren als der Goldschakal die dortigen Huftierstrecken beeinflussen. Nebst einem möglichen Einfluss auf eine lokale Bestandesgröße könnten die Goldschakale zudem auch das Verhalten der Wildhuftiere beeinflussen und so die Jagd erschweren.

Oftmals wird beim Goldschakal auch ein negativer Einfluss auf kleinere Beutetiere befürchtet. Bis anhin gibt es keine Belege dafür, dass der Goldschakal alleine zum Aussterben von Arten führt. Aber insbesondere eine hohe Goldschakal-Dichte kann lokal und temporär in Zusammenhang mit anderen Faktoren die Beutetiere-Vorkommen negativ beeinflussen. In diesem Zusammenhang sei an das bereits erwähnte Beispiel der geplünderten Schildkrötennester in der Türkei erinnert (s. Kapitel Nahrungsökologie). Allerdings ist es auch in diesem Beispiel schwierig zu bestimmen, ob die Goldschakale einen additiven oder einen kompensatorischen Einfluss auf die Schildkröten haben, weil nicht eruiert werden kann, aus wie vielen der erbeuteten Eier tatsächlich Jungtiere geschlüpft wären. Zudem ist nicht auszuschließen, dass bei Abwesenheit der Goldschakale andere Prädatoren die Eier erbeutet hätten.

Auch der Einfluss des Goldschakals auf Vögel, vor allem auf Bodenbrüter, wird häufig diskutiert. Auch diesbezüglich bestehen noch erhebliche Wissenslücken. Interessant ist dabei eine Studie aus Estland. Sie verglich die Überlebensrate der Eier/Nestlinge von bodenbrütenden Vögeln auf dem estnischen Festland mit jenen auf einer naheliegenden Insel, wobei auf der Insel lediglich Rotfüchse als Nesträuber in Erscheinung treten,

^ Der Einsatz von Fotofallen bietet die Chance, Geschichten mitzuerleben, die sonst verborgen blieben. Auf Fotofallenaufnahmen aus Deutschland ist zu sehen, wie sich ein Goldschakal einem Damhirsch nähert, dieser steht kurzerhand auf und scheint den Schakal zu vertreiben.

< Fasane *(Phasianidae)* sind für die Nahrungssuche und die Jungenaufzucht oft am Boden unterwegs – dies macht sie zur möglichen Beute der Goldschakale. Inwiefern deren Population durch die Goldschakale beeinflusst wird, hängt von den regionalen Umweltbedingungen ab und kann nicht eindeutig beantwortet werden.

^ Auch wenn insbesondere Frischlinge den Goldschakalen zum Opfer fallen können, ist aufgrund der Erfahrungen aus Südosteuropa nicht davon auszugehen, dass Goldschakale zum Rückgang von Wildschweinpopulationen führen werden.

während auf dem Festland neben Rotfüchsen auch Goldschakale, Marderartige und Rabenvögel als Nesträuber zu verzeichnen sind. Die tägliche Überlebensrate der Nester auf der Insel und auf dem Festland waren sich überraschenderweise sehr ähnlich, auf dem Festland war sie sogar etwas höher. Während die Prädatoren auf dem Festland ungefähr die gleiche Menge an Nestern plünderten, war der Rotfuchs auf der Insel als alleiniger Prädator für eine größere Menge an erbeuteten Nestern verantwortlich. Der Goldschakal hatte in diesem Fall also keinen zusätzlichen, negativen Einfluss auf die Bodenbrüter, sondern wirkte nebst der Fuchsprädation kompensatorisch auf die Vogelpopulation ein, nicht additiv. Es wird vermutet, dass dieser Umstand auf die Konkurrenz zwischen Goldschakal und Rotfuchs zurückzuführen ist, die eine ähnliche ökologische Nische nutzen. Die Präsenz von Goldschakalen führte in diesem Fall allenfalls zu einer geringeren Fuchsdichte und somit zu einem geringeren Prädationsanteil durch Füchse (Kaasikuv et al. 2022).

### Positiver Einfluss des Goldschakales auf die Menschen?

Eine Art, die neu vorkommt, sorgt häufig für Kopfzerbrechen. Doch was, wenn diese neue Art gar positive Aspekte für die Menschen im neu besiedelten Lebensraum mit sich bringt? Nebst der Bereicherung der Biodiversität, die eine neue, einheimische Art im Ökosystem mit sich bringt, sollte auch die ökonomische Bedeutung betrachtet werden. So wurde beispielsweise für Serbien berechnet, dass Goldschakale so viele Nutztierkadaver fressen, dass jährlich 500 000 Euro Kadaver-Entsorgungsgebühren eingespart werden können (Ćirović et al. 2016). Ebenso wurde berechnet, dass die geschätzten 15 000 Schakale in Serbien jährlich im Durchschnitt 13,2 Millionen Kleinsäuger vertilgen, welche durch das Fressen von Wurzeln und das Graben von Gängen und Erdhaufen erhebliche Schäden in der Landwirtschaft anrichten. Somit spielen sie eine aktive Rolle in der «Schädlingsbekämpfung».

## 5.2 Goldschakal als Konkurrenz

### Beutegreifer untereinander – eine theoretische Grundlage

Gemäß dem Konkurrenzausschlussprinzip nach Gause können zwei Arten nicht dieselbe ökologische Nische besetzen, ohne dass sie miteinander konkurrieren. Die konkurrenzschwächere Art muss ihre ökologische Nische anpassen, wenn sie am selben Ort überleben möchte (Chapman und Gause 1935). In Gemeinschaften von unterschiedlichen Beutegreifern, welche im selben Gebiet leben, ist oftmals der größere Beutegreifer der konkurrenzstärkere. Er ist fähig, kleinere Beutegreifer für seinen eigenen Vorteil zu töten oder zu vertreiben. Leben also unterschiedlich große Prädatoren im selben Gebiet (d.h. sympatrisch), so verhält es sich in der Regel so, dass sich die kleinere Art anpasst, um dem Druck durch die stärkere Art auszuweichen. Beispielsweise passen kleinere Beutegreifer ihren Tagesrhythmus oder die räumliche Nutzung an oder konzentrieren sich auf Beute, welche für den größeren Prädator weniger interessant ist. So können sie das Zusammentreffen vermeiden, nachhaltige Beutevorkommen nutzen und die Wahrscheinlichkeit, durch den größeren Prädator getötet zu werden, vermindern. Die Aufteilung der ökologischen Nische verringert die Konkurrenz zwischen den beiden Arten und ermöglicht so eine sympatrische Lebensweise (Torretta et al. 2021; Tsunoda et al. 2017; Tsunoda 2022; Franchini et al. 2022).
Allerdings können sich Interaktionen zwischen zwei konkurrierenden Arten je nach Lebensraum und Jahreszeit stark unterscheiden. Zwei unterschiedliche Beutegreifer können sich auch tolerieren, insbesondere in Situationen mit Nahrungsüberfluss (Scheinin et al. 2006).

### Rotfuchs und Dachs

Der Rotfuchs ist wie der Goldschakal ein mittelgroßer Beutegreifer. Er ist ebenfalls Opportunist und sehr anpassungsfähig. Rotfüchse finden sich in unterschiedlichen Lebensräumen zurecht und auch bezüglich der Nahrungswahl sind sie sehr flexibel. Füchse sind Aasfresser, aber auch aktive Jäger. Kleinsäuger, Früchte, Aas, Rehe, Wirbellose, Vögel, Amphibien, Reptilien und Siedlungsabfälle werden vom Rotfuchs gerne genutzt.

Rotfuchs und Goldschakal haben also ähnliche Ansprüche an ihre Umwelt. Sie nutzen teilweise denselben Lebensraum und beide sind, insbesondere in der Nähe von Menschen, vorwiegend während der Dämmerung und nachts aktiv. Die Nahrung von Rotfuchs und Goldschakal kann sich je nach Gebiet und Jahreszeit zu 60 % bis über 80 % decken (Lanszki et al. 2006; Farkas et al. 2017; Lanszki und Heltai 2002). Dies bietet viel Potenzial für Konkurrenz und es erstaunt nicht, dass in einigen Studien ein negativer Einfluss des Goldschakals auf den Rotfuchs angenommen wurde.

Obwohl im Mageninhalt von Goldschakalen schon Überreste von Füchsen gefunden wurden und der Goldschakal durchaus in der Lage ist, einen Fuchs zu töten, ist davon auszugehen, dass dies nur selten vorkommt (Raichev et al. 2013). Allerdings dürften die neugierigen und mutigen Füchse sich zuweilen nah an einen Goldschakal heranwagen und dann auch mal eine schlechte Erfahrung machen. Dies dürfte längerfristig dazu führen, dass Füchse sich gegenüber dem Goldschakal vorsichtig verhalten und ein häufiges Aufeinandertreffen vermeiden (Torretta et al. 2021, Scheinin et al. 2006). Das konnte beispielsweise in Slowenien nachgewiesen werden, wo Füchse Fütterungsstellen meiden, welche durch Goldschakale genutzt werden (Jaklič und Potočnik 2022).

Ähnliche Befunde sind aus Israel bekannt: Im Rahmen einer Studie wurde dabei ein lebendiger Goldschakal in einem Käfig an einer Futterstelle platziert, die oft von Füchsen genutzt wurde. In der Folge mieden die Füchse diese Futterstelle trotz des verlockenden Futterangebotes. Ein leerer Käfig oder ein Fuchs in einem Käfig hinderten die freilebenden Füchse hingegen nicht daran, an die Futterstelle zu kommen. Auch Goldschakal-Urin, welcher zur Markierung des Territoriums eingesetzt wird und in diesem Experiment künstlich an der Fütterungsstelle platziert wurde, hielt die Füchse nicht von der Futterstelle ab. Dies deutet darauf hin, dass Füchse zwar grundsätzlich dasselbe Gebiet wie die Goldschakale nutzen, sich also nicht grundsätzlich am Schakalduft stören, jedoch das tatsächliche Aufeinandertreffen mit einem Goldschakal meiden (Scheinin et al. 2006).

Ebenfalls in Israel wurde in einem Studiengebiet gezeigt, dass dort, wo Goldschakale sehr häufig sind, die Fuchspopulation zurückgeht (Scheinin et al. 2006). Und aus Rumänien ist aus einer Studie bekannt, dass junge Füchse weniger Gewicht auf die Waage bringen, wenn sie ihren Lebensraum mit Goldschakalen teilen müssen. Man vermutet, dass dies an der Nahrungskonkurrenz zum Goldschakal liegt. Bei den adulten Tieren konnte hingegen kein signifikanter Gewichtsunterschied festgestellt werden (Farkas et al. 2017).

Auf der griechischen Halbinsel Peloponnes konnte eine Zunahme der Rotfuchspopulation registriert werden, nachdem die Goldschakalpopulation dezimiert wurde (Giannatos 2004).

In vielen anderen Gebieten in Südosteuropa kommen Goldschakal und Rotfuchs trotzdem im selben Gebiet vor, was unterschiedliche Auswirkungen mit sich bringt. Es gibt Hinweise dafür, dass die Präsenz von Goldschakalen die Fortpflanzungsfähigkeit der Füchse beeinflusst. Die schwierigeren Lebensumstände für den Fuchs

werden vermutlich kompensiert, in dem die Fuchsfähen häufiger bereits im ersten Jahr nach der Geschlechtsreife trächtig werden und weniger Fuchsfähen keine Jungtiere haben (Vlasseva et al. 2020). Es wurde auch gezeigt, dass sich Rotfuchs und Goldschakal im selben Gebiet auf unterschiedliche Nahrungsquellen spezialisieren – während die Schakale in einigen Gebieten vorwiegend Kadaver von wilden Huftieren und Nutztieren nutzten, fokussierten sich die Füchse vor allem auf Kleinsäuger. In diesem Gebiet lag die Überlappung der Nahrungsnische denn auch nur bei 30–50 %. Die Rotfuchspopulation blieb in diesem Studiengebiet stabil, obwohl die Goldschakale neu dazugekommen sind (Tsunoda et al. 2017). Durch eine Aufteilung der Nahrungsnische scheinen sie also die Nahrungskonkurrenz zu umgehen und können problemlos im selben Gebiet überleben. Im landwirtschaftlichen Gebiet, in welchem nur wenige Kadaver von Huftieren vorhanden sind, dafür aber umso mehr Nagetiere, ernähren sich Fuchs und Schakal beide vorwiegend von Kleinsäugern. Dort teilen sie sich das Verbreitungsgebiet und fressen dieselbe Nahrung, welche reichlich vorhanden ist. Es wurde aber dokumentiert, dass sie den Lebensraum feinräumig aufteilen und sich so aus dem Weg gehen (Tsunoda et al. 2018; Tsunoda 2022). Dies konnte auch in anderen Gebieten beobachtet werden: So hielten sich die Goldschakale in Israel im Sommer vor allem in den Rebbergen auf. In dieser Zeit wurden die Kerngebiete der Goldschakale durch die Rotfüchse gemieden; diese waren lediglich in den Randgebieten unterwegs (Shamoon et al. 2017).

Auch in Italien wurde eine Nischenaufteilung festgestellt. Während sich Goldschakale eher von größeren Beutetieren wie Rehen ernähren, fressen Füchse vermehrt kleine Säugetiere und pflanzliche Nahrung. Auch der Lebensraum wird unterschiedlich genutzt: Der Goldschakal meidet intensiv bewirtschaftete Flächen und vom Menschen stark beeinflusste Gebiete. Der Rotfuchs ist in diesem Gebiet hingegen deutlich generalistischer unterwegs. Er wird in allen Lebensräumen nachgewiesen, wobei die Gebiete, in denen die Goldschakale häufig unterwegs sind, nur selten besucht werden (Torretta et al. 2021).

Anhand der Jagdstatistik wurde in Rumänien, Serbien, Ungarn und Bulgarien eine Zunahme der Goldschakale Anfang des 21. Jahrhunderts sichtbar. Diese Zunahme führte aber in keinem der Länder zu einem Rückgang der erlegten Füchse (Raichev 2020; Banea et al. 2018).

Dass jedoch die Interaktion zwischen Fuchs und Goldschakal komplex ist, konnte 2020 und 2021 in Baden-Württemberg (Deutschland) dokumentiert werden. Wiederholt wurden mittels Fotofallen soziale Interaktionen zwischen einem Goldschakal-Rüden und einer Rotfuchs-Fähe mit deren Jungtieren beobachtet. Die beiden wurden regelmäßig zusammen fotografiert, dabei wirkten sie entspannt. Es konnte sogar dokumentiert werden, wie der Goldschakal Nahrung heranträgt und die Fuchswelpen bei ihm bettelten. Da es sich in dieser Zeit um den einzigen Goldschakal in diesem Gebiet handelte, wird die soziale Isolation als Begründung für das gezeigte Verhalten vermutet. Natürlich stellte sich auch die Frage, ob es sich bei den Jungen womöglich um Schakal-Fuchs-Hybriden handelte, womit das soziale Verhalten begründet werden könnte. Die Morphologie der Jungtiere lässt jedoch eindeutig auf Rotfuchs schließen, zudem ist gemäß dem heutigen Wissensstand eine Verpaarung zwischen Rotfuchs und Goldschakal nicht möglich (mehr

< Der Rotfuchs ist wie der Goldschakal ein mittelgroßer Beutegreifer, der ähnliche ökologische Nischen besetzt.

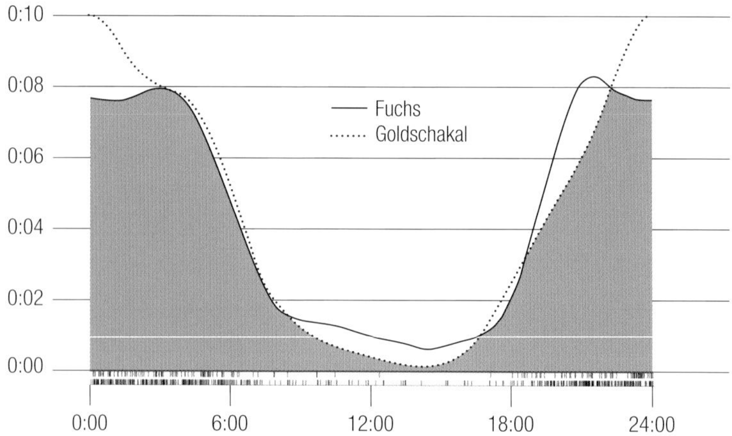


dazu im Unterkapitel «Hybridisierung») (Böcker et al. 2024). Den Autorinnen und dem Autor sind außerdem Filmaufnahmen bekannt, in welchen sich ein einzelner Goldschakal an der Ausbreitungsfront von einer Fuchsfähe in der Nähe ihres Baues vertreiben lässt.

Es kann also nicht abschließend beurteilt werden, wie sich Goldschakale in neu besiedeltem Gebiet auf die Rotfüchse auswirken werden. Die Interaktion kann von Meideverhalten und Aggressivität bis zu gegenseitiger Toleranz oder gar zu positiver sozialer Interaktion reichen. Sie wird schlussendlich vom Lebensraum, von der Nahrungsverfügbarkeit, von der Jahreszeit, von den Populationsdichten und weiteren Faktoren abhängen.

Auch in Österreich kommt der Goldschakal gemeinsam mit dem Rotfuchs vor, sie teilen sich Lebensräume und haben ähnliche Aktivitätszyklen (Abb. Aktivitätszyklus). Ob sich die Nahrungswahl der beiden voneinander unterscheidet, muss noch untersucht werden (Suß und Hatlauf 2024).

In Bulgarien wurde nebst der Interaktion mit dem Fuchs auch die Interaktion mit übrigen Beutegreifern, wie der Wildkatze (*Felis silvestris*), dem Dachs (*Meles meles*) und dem Steinmarder (*Martes foina*) untersucht. Die Nischennutzung war saisonal unterschiedlich. Im Winter fokussierten sich die Goldschakale vorwiegend auf Huftiere, die kleineren Beutegreifer Fuchs, Wildkatze und Steinmarder ernährten sich hingegen vor allem von Kleinsäugern. Die Aufteilung der Nahrungsressourcen machte es möglich, im selben Gebiet unterwegs zu sein. Im Sommer hingegen ernährte sich auch der Goldschakal vermehrt von Kleinsäugern, nutzte also dieselbe Nahrungsnische wie die kleineren Beutegreifer. Interessanterweise war in dieser Zeit

^ Die Aktivitätszeiten von Goldschakal und Fuchs, welche in einem Studiengebiet in Österreich mittels Fotofallen eruiert wurden, überlappen sich stark (Suss und Hatlauf, 2024).

> In Rumänien wiegen junge Füchse, die sich den Lebensraum mit Goldschakalen teilen, weniger als junge Füchse in Gebieten ohne Goldschakalpräsenz.

> Grundsätzlich ist der Goldschakal dem Rotfuchs überlegen. Je nach Umweltbedingungen kann die Beziehung zwischen Fuchs und Schakal jedoch variieren.

aber die räumliche Überlappung zwischen den Konkurrenten geringer. Vermutlich gehen in dieser Zeit die kleineren Beutegreifer dem Goldschakal aus dem Weg, da sie sich bezüglich Nahrung konkurrieren. Mit dem Dachs gab es jedoch weiterhin eine große räumliche Überlappung, was daran liegen dürfte, dass der Dachs ein ausgesprochener Allesfresser ist, der nicht auf Kleinsäuger angewiesen ist, und daher für den Goldschakal auch keinen wesentlichen Konkurrenten darstellte (Tsunoda et al. 2020).

Bei der Interaktion zwischen Dachs und Goldschakal gibt es jedoch noch viele offene Fragen. In Slowenien wurde anhand von Fotofallenaufnahmen gezeigt, wie sich einerseits ein Goldschakal durch einen Dachs von einer Futterstelle vertreiben lässt, jedoch gibt es auch Aufnahmen von Goldschakalen, welche sich aggressiv gegenüber Dachsen verhalten. Vermutlich kommt es dabei auf die Nahrungsverfügbarkeit, das Alter und den Sozialstatus der involvierten Tiere an (Jaklič und Potočnik 2022).

< Auf den Fotofallenbildern aus Baden-Württemberg ist eine soziale Interaktion zwischen dem Goldschakal-Rüden, welcher von rechts her angelaufen kommt, und der Rotfuchs-Fähe, welche am Boden liegt, zu sehen. Währenddessen spielen die Fuchswelpen rundherum.

^ Wer körperlich überlegen ist und wer wem ausweicht, ist bei Dachs und Goldschakal nicht einfach zu beantworten. Es konnten Szenarien beobachtet werden, in denen ein Dachs einen Goldschakal vertreibt, aber auch das Gegenteil konnte dokumentiert werden.

### Wildkatze

Wildkatzen (*Felis silvestris*) ernähren sich vorwiegend von Kleinsäugern und Vögeln. Dies lässt eine Nahrungskonkurrenz zum Goldschakal vermuten. Über die Interaktion dieser beiden mittelgroßen Beutegreifer ist noch nicht viel bekannt. Allerdings gibt es einige Hinweise dafür, dass der Goldschakal den Wildkatzen das Leben nicht einfacher macht. In einem Studiengebiet in Griechenland wurden Wildkatzen seltener, sobald am selbigen Ort die Goldschakal-Population zunahm (Giannatos 2004). In einem italienischen Gebiet, in welchem Rotfüchse und Wildkatzen vorkommen, nicht aber Goldschakale, sind Wildkatze und Rotfuchs zu unterschiedlichen Zeiten unterwegs und vermeiden so ein Aufeinandertreffen. In einem anderen italienischen Gebiet mit Goldschakal-Präsenz sind hingegen Rotfuchs und Wildkatze zur selben Zeit unterwegs, scheinen aber das Aufeinandertreffen mit dem Goldschakal zu vermeiden (Franchini et al. 2022). Ebenfalls

^ Wildkatze und Goldschakal ernähren sich gerne von Kleinsäugern und Vögel – dies kann zu Konkurrenz führen.

^ Goldschakale fressen auch mal an von Luchsen zurückgelassenen Kadavern. Inwiefern dies den Luchs beeinflusst ist noch nicht restlos geklärt.

in Italien wurden Hinweise dafür gefunden, dass Wildkatzen bei der Präsenz von Goldschakalen einen signifikant höheren Kortisol-Wert in den Haaren aufweisen, ein Hormon, welches bei Stress ausgeschüttet wird. Während also eine mögliche Konkurrenz mit dem Goldschakal zu einem erhöhten Stress-Level führt, hatte die Präsenz von Füchsen keinen Einfluss auf die Kortisol-Werte der Wildkatzen (Filacorda et al. 2021).

### Luchs

In der Beziehung zwischen dem Eurasischen Luchs (*Lynx lynx*) und dem Goldschakal ist noch vieles unklar. Es ist bekannt, dass Luchse Rotfüchse töten können und einen Anstieg der Luchspopulation einen Rückgang des Rotfuchs-Bestandes bewirken kann (Elmhagen et al. 2010). Es ist daher anzunehmen, dass Luchse auch einen Einfluss auf den Goldschakal haben können. In Kot-Untersuchungen von Luchsen konnte jedenfalls auch schon Goldschakal nachgewiesen werden, wobei allerdings nicht geklärt werden konnte, ob der Goldschakal durch den Luchs getötet wurde oder ob er bereits vorher tot war (Mengüllüoğlu et al. 2018).

Allerdings ist nicht nur davon auszugehen, dass der Luchs den Goldschakal beeinflusst, sondern auch, dass der Goldschakal den Luchs beeinflusst. Eurasische Luchse ernähren sich nämlich zu einem großen Teil von Wildhuftieren wie Rehen und Gämsen. Aufgrund der Größe der Beute verzehren sie diese oftmals nicht auf einmal. Sie decken ihre Beute zu, lassen sie zurück und kehren in den folgenden Nächten an den Riss zurück. Deshalb kommt es regelmäßig vor, dass sich Aasfresser wie Vögel, Wildschweine oder kleinere Beutegreifer an zurückgelassener Luchsbeute gütlich tun. Auch der Rotfuchs nutzt die Beute von Luchsen. Das direkte Zusammentreffen mit dem Luchs meiden die Füchse jedoch. Obwohl die Nachweise rar sind, konnte gezeigt werden, dass auch Goldschakale Luchsrisse nutzen (Krofel et al. 2022). Taucht also neu ein Goldschakal in einem Luchsrevier auf, so könnte dies dazu führen, dass die Luchse vermehrt jagen müssen, da ihre Beute stärker fremdgenutzt wird. Andererseits könnte es sich auch so verhalten, dass die Goldschakale die Rolle der Rotfüchse einnehmen, wodurch sich dann für die Luchse keine relevante Veränderung ergäbe (Krofel et al. 2022). Wie so oft, wenn es um den Goldschakal geht, sind weitere Forschung und Sammlung von Felderfahrungen nötig, um genauere Aussagen treffen zu können.

### Wolf

Inwiefern Wölfe (*Canis lupus*) und Goldschakale nebeneinander koexistieren, kann anhand des aktuellen Wissensstands nicht restlos beantwortet werden. Wie auch bei der Beziehung mit dem Fuchs kann der gegenseitige Einfluss oder das gegenseitige Verhalten je nach Lebensraumbedingungen unterschiedlich sein. Wölfe sind allerdings deutlich größer als Goldschakale und können diese töten. Dies wurde jedoch bis anhin nur selten dokumentiert (Mohammadi et al. 2017). Es ist also davon auszugehen, dass der kleinere Goldschakal grundsätzlich dem Wolf ausweicht und ein direktes Zusammentreffen vermeidet. Dies konnte auf lokaler Ebene an unterschiedlichen Orten gezeigt werden. So zog sich beispielsweise in Griechenland eine etablierte Goldschakal-Familie aus dem Gebiet zurück, als das Gebiet neu durch ein Wolfsrudel beansprucht wurde (Giannatos 2004).

> Der Wolf ist dem Goldschakal körperlich überlegen, weshalb der Goldschakal dem Wolf tendenziell aus dem Weg geht. Gibt es jedoch genügend Nahrung, kommen die beiden Arten auch im selben Gebiet vor.

Dass eine geringe Wolfspräsenz die Verbreitung des Goldschakals begünstigt, wird bei der Betrachtung der Verbreitungsgeschichte der beiden Arten in Südosteuropa eindrücklich erkennbar. Wölfe wurden im 20. Jahrhundert stark bejagt und in vielen Gebieten stark dezimiert oder ausgerottet. Als der Wolfsbestand um 1970 in Südosteuropa einen Tiefpunkt erreichte, begann eine starke Zunahme des Goldschakal-Bestandes (Krofel et al. 2017).

### Weniger Topprädatoren, mehr Mesoprädatoren – die Mesoprädatoren-Release-Hypothese

Die Mesoprädatoren-Release–Hypothese besagt, dass der Rückgang oder gar die Ausrottung von Spitzenprädatoren dazu führen kann, dass sich Mesoprädatoren, also die mittelgroßen Beutegreifer, weiterverbreiten können oder ihr Bestand zunimmt. Dies wiederum kann dazu führen, dass die Beutetiere der Mesoprädatoren zurückgehen (Prugh et al. 2009).

Die Kerngebiete von Wölfen und Goldschakalen liegen meist räumlich getrennt voneinander. Im Kerngebiet von Wölfen ist nicht mit der regelmäßigen Präsenz von Goldschakalen zu rechnen. Es wird aber vermutet, dass diese Konkurrenz auch stark abhängig ist von der verfügbaren Nahrung und den Deckungsmöglichkeiten. Gibt es in einem Gebiet beides reichlich, so können sich die beiden Arten durchaus im selben Gebiet aufhalten. Dies konnte beispielsweise in Bulgarien anhand von bioakustischem Monitoring festgestellt werden (Spassov und Acosta-Pankov 2019).

Und wie so oft in der Naturforschung wird man immer wieder von Ausnahmen und Unerwartetem überrascht. In Baden-Württemberg konnte mittels Fotofallen dokumentiert werden, wie sich Goldschakal und Wolf auch im selben Gebiet aufhalten und tolerieren können. Seit Juli 2024 (Stand April 2025) wurde ein Wolf auf den Wildkameras in einem Gebiet nachgewiesen, in dem seit mehreren Jahren reproduzierende Goldschakale vorkommen. Einige Fotofallenereignisse zeigen auf denselben Bildern, wie ein

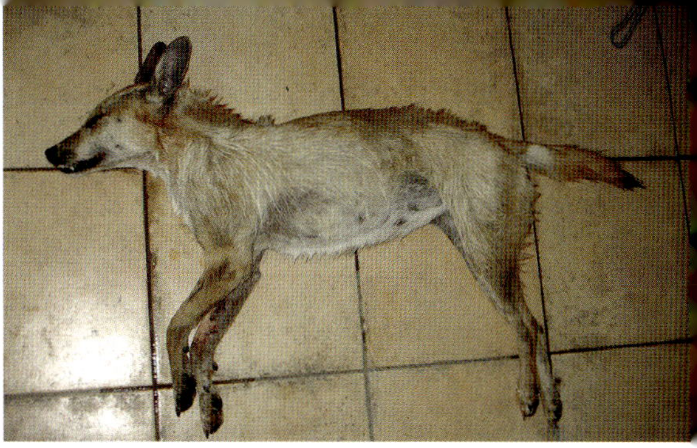

Goldschakal dem Wolfsrüden im Abstand von wenigen Metern folgt – oder andersherum. Offenbar handelte es sich hier nicht um eine antagonistische Situation, mehr kann jedoch bisher nicht in die Situation hereininterpretiert werden. (FVA-Wildtierinstitut unveröffentlicht).

## Verpaarung mit anderen Arten

Grundsätzlich ist die Verpaarung und Reproduktion des Goldschakals mit anderen Arten der Gattung *Canis* möglich; so beispielsweise mit dem Wolf *(Canis lupus)*. In genetischen Studien konnten Nachweise von genetischem Austausch zwischen Wolf und Goldschakal in der Vergangenheit festgestellt werden (Moura et al. 2014; Freedman et al. 2014). Aktuellere Nachweise von Goldschakal-Wolf-Hybriden aus der freien Wildbahn sind jedoch selten (Moura et al. 2014; Ninausz et al. 2023).

< Die Beziehung zwischen Goldschakal und Wolf ist komplex. Obwohl grundsätzlich angenommen wird, dass Goldschakale den Wölfen aus dem Weg gehen, ist auf diesen Fotofallenaufnahmen aus Deutschland klar erkenntlich, dass ein Goldschakal einem Wolf folgt.

^ Diese beiden Tiere wurden in Kroatien durch Jäger erlegt, da sie auffällige Merkmale sowohl für Haushunde, aber auch für Wildtiere aufwiesen. Mittels genetischer Analyse konnte festgestellt werden, dass es sich um eine Mischung zwischen Hunden und Goldschakalen handelt.

Was man aus freier Wildbahn ebenfalls kennt, ist die Verpaarung zwischen Goldschakal und Haushund *(Canis familiaris)*. Dabei entstehen fortpflanzungsfähige Nachkommen (Galov et al. 2015). Die Nachweise sind in Anbetracht der Häufigkeit von Goldschakalen und den teils häufigen Vorkommen von streunenden Haushunden in diesen Gebieten jedoch sehr selten.

Es wird vermutet, dass eine stabile Sozialstruktur bei den Goldschakalen die Verpaarung mit anderen Arten verhindern kann, da das Elternpaar eines Familienverbandes solch eine Verpaarung nicht zulässt. Das Stören dieser Struktur würde dieser Annahme zufolge eine Hybridisierung begünstigen. Dies kann beispielsweise geschehen, wenn durch die Bejagung zu viele reproduktionsfähige Tiere erlegt werden (Trouwborst et al. 2015; Moura et al. 2014). Ein Mangel an Paarungspartnern könnte auch am Rand des Ausbreitungsgebietes des Goldschakals zur Hybridisierung mit anderen Arten führen. Belege gibt es hierfür jedoch bisher keine.

Die Verpaarung und Reproduktion mit dem Rotfuchs, welcher zur Gattung *Vulpes* gehört, ist aufgrund der unterschiedlichen Anzahl an Chromosomen nicht möglich und wurde daher naheliegenderweise noch nie beobachtet (Wurster und Benirschke 1968).

## Sprengstoffhunde im Einsatz

Dass sich Haushunde *(Canis familiaris)* und Goldschakale *(Canis aureus)* verpaaren können, hat man sich am Flughafen Scheremetiewo in Moskau zunutze gemacht. Dort werden sogenannte Sulimov-Hunde zur Sprengstoffsuche im Flughafengebäude und in Flugzeugen eingesetzt. Das Besondere daran ist, dass es sich bei den Sulimov-Hunden um eine Mischung von Haushund und Goldschakal handelt. Diese wurden erstmals in den 1970er-Jahren durch den inzwischen verstorbenen russischen Biologen Dr. Klim Sulimov gezüchtet. Zuerst wurden Huskies und Fox Terrier miteinander verpaart und anschließend wurde diese Paarung mit Goldschakalen vermischt. Man wollte die gute Riechleistung der Schakale mit der Bereitschaft der Hunde zur Zusammenarbeit mit dem Menschen kombinieren. Seit 2001 werden diese Hunde in einem speziellen Programm der russischen Luftfahrtlinie Aeroflot gezüchtet und ausgebildet. Heute sind rund 100 Sulimov-Hunde im Einsatz.
Wir konnten mit Elena Bataeva, Leiterin der Hundestaffel, und Elena Laschenkova, der Assistentin des Chefs des Sicherheitsdienstes der Aeroflot, ein Interview führen.

**Welche Eigenschaften zeichnen die Sulimov-Hunde im Vergleich zu anderen Hunderassen aus?**
«Dr. Klim Sulimov war der Meinung, dass domestizierte Hunde im Laufe der Domestikation wertvolle Eigenschaften verloren haben, da der Fokus oftmals auf äußeren Merkmalen und dem Gehorsam lag. Unsere Hunde sind im Vergleich zu anderen Hunden viel selbstständiger und kreativer. Sie probieren aus, bis sie selber eine Lösung finden. Außerdem sind sie sehr gesund und werden relativ alt, 15–18 Jahre.»

**Aus welchen Gründen wurden die Schakale mit einer Mischung aus Huskies und Fox-Terriern verpaart?**
«Die Huskies kommen gut mit der russischen Kälte zurecht. Dank der Schakal-Gene halten die Sulimov-Hunde aber problemlos auch höhere Temperaturen aus. Die Fox Terrier sind freundlich gegenüber Menschen. Außerdem wollte man nicht zu große Hunde. Die Hunde müssen einfach in Frachtcontainer und Technikräume kommen. Zudem arbeiten wir mit den Hunden in Flugzeugen. Dort dürfen sie die Passagiere nicht verängstigen und sollen stets freundlich sein.»

**Mit was für Goldschakalen wurden die Hunde verpaart und werden sie auch heute noch mit Schakalen verpaart?**
«Als das Programm in den 1970er-Jahren startete, wurden die Hunde mit wilden Schakalen aus Südrussland, aus der Region um das Schwarze Meer, verpaart. Die Sulimov-Hunde aus der Hundestaffel der Aeroflot wurden mit Goldschakalen aus dem Zoo von Baku in Aserbaidschan verpaart. Es wurden weibliche und männliche Goldschakale zur Verpaarung eingesetzt. Doch auch Goldschakale haben ihre Vorlieben, nicht alle lassen sich auf die Verpaarung mit Hunden ein. Aktuell sind keine Verpaarungen mit Schakalen angedacht, wir verpaaren nun die Sulimov-Hunde untereinander. Sollte es in Zukunft nötig sein, wenn beispielsweise wichtige Merkmale über Generationen verloren gehen, schließen wir eine Verpaarung mit weiteren Schakalen nicht aus.»

**Wie werden die Sulimov-Hunde ausgebildet?**
«Bereits wenn sie wenige Tage alt sind, nehmen wir sie mit an den Flughafen, damit sie früh die entsprechende Umgebung kennenlernen und positive Erfahrungen mit den Passagieren sammeln. Anschließend nutzen wir eine spezielle Technik in der Ausbildung. Diese Technik ist sehr komplex, im Wesentlichen werden die Hunde vor Aufgaben gestellt, welche sie möglichst selbstständig lösen sollen. So wird ihre Selbstständigkeit gefördert und sie erlernen Ausdauer. Die Konditionierung mit dem Zielgeruch dauert dann lediglich zwei Monate. Im Training arbeiten wir mit Futterbelohnung. Die Hunde sind es gewohnt, mit unterschiedlichen Hundeführer/innen zu arbeiten.»

**Wie arbeiten die Sulimov-Hunde?**
«Finden sie ihren Zielgeruch, zeigen sie diesen in unterschiedlicher Art und Weise an. Die einen starren die Quelle des Zielgeruchs an, die anderen Bellen. Das ist von Hund zu Hund unterschiedlich, man wählt das Anzeigeverhalten, welches der Hund einem anbietet. Wie lange sie am Stück suchen, hängt von der Motivation und der Umwelt ab. Nach 30 40 Minuten Suche benötigen sie in der Regel eine Pause und die Hundeteams werden ausgewechselt. Sie sind sehr zielorientiert und möchten möglichst schnell ein Resultat erreichen, entweder sie werden für die Suche mit Futter belohnt oder sie finden den Geruch: Sie würden nicht suchen, um dem Menschen zu gefallen.»

**Welche Charaktereigenschaften zeichnen die Sulimov-Hunde aus und inwiefern zeigt sich das Verhalten der Schakale in den Hunden?**
«Sie sind sehr unabhängig, bieten eine hohe Variabilität an Verhalten an und zeigen ein ausgeprägtes Erkundungsverhalten. Sie erlernen sehr schnell neue Verhaltensweisen, dazu gehören leider auch unerwünschte Verhaltensmuster. Sie haben einen starken Fortpflanzungs und Selbst erhaltungstrieb. Außerdem sind sie sehr gut trainierbar, aber man muss als Hundeführer/in klar kommunizieren können, was man vom Hund möchte. Es ist sehr wichtig, dass sie von Anfang an gut sozialisiert werden und möglichst viel kennenlernen. Ansonsten können sie in ungewohnter Umgebung oder bei unbekannten Ereignissen sehr vorsichtig sein. In solchen Momenten verstecken sie sich, bis sie sicher sind, dass sie außer Gefahr sind. In diesen Situationen ist die kompetente Arbeit der Hundeführer/innen zentral.»

**Wie ist die Öffentlichkeit gegenüber den Sulimov-Hunden eingestellt?**
«Die Passagiere freuen sich immer, wenn sie auf unsere Hunde treffen. Auch sonst haben wir viele Medienanfragen und das russische Fernsehen hat schon einige Male über unsere Arbeit berichtet. Wir haben schon verschiedene Auszeichnungen gewonnen und bringen unsere Hunde gerne der breiten Öffentlichkeit näher.»

# 6 Management des Goldschakals

Unter «Management» versteht man grundsätzlich die Kontrolle, Organisation und Ausführung von Tätigkeiten, Abläufen, Entwicklungen oder Projekten. Unter dem Begriff «Wildtiermanagement» fasst man alle Maßnahmen und Tätigkeiten zusammen, die unternommen werden, wenn es um die Beschäftigung mit Wildtieren geht. Dies betrifft den Schutz der Wildtiere, aber auch die Prävention und das Lösen von Problemen zwischen Mensch und Wildtier. Dafür werden unterschiedliche Instrumente angewendet, wie bspw. Lebensraumaufwertungen, die Bejagung und den Schutz von Nutztieren, um nur einige zu nennen. Management beinhaltet aber auch den Austausch derjenigen Menschen miteinander, die von den Wildtieren betroffen sind oder einen Anspruch haben, an diesem Wildtiermanagement mitzuwirken. So geht es beim Management des Goldschakals darum, wie der Mensch mit der Tierart umgeht, aber auch darum, wie der Mensch mit anderen Menschen umgeht, die sich mit dem Goldschakal beschäftigen wollen oder müssen. Grundlage des Goldschakal-Managements sind vor allem die rechtliche Situation und die Bedürfnisse der Gesellschaft, die sehr unterschiedlich sein können.

Dabei ist zuallererst zu erwähnen: Es gilt, dass ein konstruktiver und nachhaltiger Umgang mit einer Tierart nur dann ermöglicht werden kann, wenn ausreichend Informationen über die Situation, die Wechselwirkungen einer Tierart mit seiner Umwelt und über die zu erwartende künftige Entwicklung vorhanden sind. Dieses Wissen muss die Grundlage für weitere Managementmaßnahmen sein, egal, wie diese aussehen. Taucht eine Art neu in einem Gebiet auf, ist es deshalb umso wichtiger, möglichst von Anfang an Daten zur Art und zu umgesetzten Managementmaßnahmen zu sammeln, um in der Folge daraus lernen zu können. Entsprechend ist es auch nicht möglich, pauschale Lösungsansätze zu skizzieren, die dann einfach in konkreten Situationen immer und immer wieder angewendet werden können. Weil sich die Situation an unterschiedlichen Orten und zu unterschiedlichen Zeitpunkten immer wieder anders präsentieren kann, sind stets aufs Neue maßgeschneiderte Managementmaßnahmen zu entwickeln. Das ist auch der Grund, weshalb beispielsweise dieses Buch nicht einfach ein Patentrezept zum Goldschakal-Management anbietet resp. anbieten kann. Ein adaptives und somit zeitgemäßes Management setzt voraus, dass ein klares Ziel definiert wird, dass Maßnahmen für die Umsetzung des Ziels bestimmt werden, dass diese umgesetzt werden und anschließend überprüft wird, ob das Ziel erreicht werden konnte. Sollte das Ziel nicht erreicht worden sein, müssten die Maßnahmen entsprechend angepasst werden. (Klaus et al. 2022)

Da sich Wildtiermanagement insbesondere zwischen Menschen mit unterschiedlichen Hintergründen und Interessen abspielt, gilt als zentrale Grundlage, dass die unterschiedlichen Interessensgruppen konstruktiv miteinander arbeiten müssen. Die wissenschaftliche Erfassung und Auswertung von Daten ist genauso wichtig wie das Dokumentieren von Erfahrungen, welche in der Praxis gemacht werden. Nur gemeinsam kommt man voran. Und auch wenn in den unterschiedlichen Ländern unterschiedliche Bedingungen und gesetzliche Grundlagen anzutreffen sind, ist eines sehr wichtig: Goldschakale kennen die Landesgrenzen nicht und interessieren sich auch nicht dafür. Die Zusammenarbeit und der Blick über die Grenzen hinaus sind deshalb die wichtigsten Pfeiler eines modernen Wildtiermanagements.

## Miha Krofel – Raubtierökologe in Slowenien

**Was ist dein Beruf und wie bist du dazu gekommen?**
Ich bin Raubtierökologe und arbeite an der Universität von Ljubljana in Slowenien, wo ich mich mit Beutegreifern in Europa, Asien und Afrika beschäftige. Ich habe an dieser Universität studiert und wurde anschließend als Wildtierforscher und Assistenzprofessor angestellt.

**Was ist deine Meinung zum Goldschakal?**
Der Goldschakal ist eine sehr anpassungsfähige und opportunistische Art, die sich sehr erfolgreich an die vom Menschen verursachten Umweltveränderungen angepasst hat. Ich denke, Goldschakale bieten eine ideale Gelegenheit, um besser zu verstehen, wie sich einige Wildtiere an das Leben im Anthropozän anpassen können.

**Seit wann gibt es Goldschakale in Slowenien?**
Die ersten Schakale wurden hier im Winter 1952–1953 entdeckt und waren dann in der zweiten Hälfte des 20. Jahrhunderts sporadisch anwesend, hauptsächlich durch durchziehende Individuen aus dem Balkan. Ihre Population begann vor allem nach 2005 exponentiell anzusteigen, nachdem sich die ersten sich reproduzierenden Schakal-Familien in Slowenien etabliert hatten.

**Wie viele Goldschakale gibt es heute in Slowenien?**
Es gibt für Slowenien keine zuverlässigen Bestandsschätzungen.

**Wie hat die Ausbreitung der Schakale in Slowenien stattgefunden?**
Zunächst breiteten sich die Schakale vom Balkan nach Slowenien aus, vor allem entlang der Adriaküste. Später kamen Schakale auch aus dem Osten, aus der pannonischen Tiefebene, nach Slowenien. Zu Beginn beruhte das Monitoring auf opportunistischen Nachweisen. Im Jahr 2007 begannen wir mit der systematischen Überwachung durch akustisches Monitoring. Später wurde dies jedoch eingestellt und derzeit wird in

## Miha Krofel

Slowenien kein Schakal-Monitoring mehr durchgeführt, abgesehen von der Erfassung von tot aufgefundenen Individuen und der Angriffe auf Nutztiere. Zu Beginn nahm die Schakal-Population in Slowenien langsamer als erwartet zu, doch später beschleunigte sich dies. In den ersten Jahrzehnten waren sich die meisten Menschen in Slowenien der Anwesenheit von Schakalen in unserem Land nicht bewusst. Heutzutage jedoch, wo sich die Schakal-Population erheblich vergrößert hat, sind sich viele Menschen dessen bewusst. Die Diskussionen über das Management der Schakale drehen sich hauptsächlich um letale Maßnahmen und um die Auswirkungen der Schakale auf andere Wildtierarten.

**Wie haben die Menschen reagiert, als sie merkten, dass ein neuer Beutegreifer in Slowenien vorkommt?**
In der Öffentlichkeit gab es kaum Reaktionen, außer vielleicht, dass es eine interessante Nachricht war. In der Jägerschaft gab es jedoch viele Bedenken wegen der Auswirkungen der Schakale auf die jagdbaren Wildarten, insbesondere auf das Rehwild. Unter den Landwirten, insbesondere den Schafzüchtern, wächst die Besorgnis bezüglich Angriffe auf Nutztiere, welche in den letzten Jahren in einigen Teilen des Landes zugenommen haben.

**Was wurde in Slowenien getan, um einen guten Umgang mit den Goldschakalen zu finden?**
Es wurden mehrere Monitorings durchgeführt, unter anderem, um die Jagd auf Schakale zu ermöglichen, die 2020 aufgenommen wurde. Derzeit ist die Bejagung von Schakalen die wichtigste Managementmethode und es werden Entschädigungen an Nutztierhalterinnen gezahlt, die nachweislich Verluste durch Schakalangriffe erlitten haben. Es wurden auch Anstrengungen unternommen, um das Bewusstsein für Schakale zu schärfen, vor allem in der Jägerschaft. Zudem berichten einige Journalisten über dieses Thema, um der breiten Öffentlichkeit grundlegende Informationen über Schakale und ihren Status in Slowenien zu vermitteln.

**Wie ist heute die Stimmung bezüglich Goldschakalen in der slowenischen Gesellschaft? Welche Bedeutung hat der Goldschakal in Slowenien für die Menschen?**
Meines Wissens nach wurde noch keine Studie zur Einstellung der Öffentlichkeit zum Schakal in Slowenien durchgeführt. Ich habe den Eindruck, dass der Großteil der Öffentlichkeit dem Schakal gegenüber neutral oder vielleicht sogar leicht positiv eingestellt ist und ein geringes Interesse zeigt. Andererseits gab es eine Studie über die Einstellung von Jägern gegenüber dem Schakal, aus der hervorging, dass die Mehrheit der Jäger eine negative Einstellung zu dieser Tierart hat, vor allem in jenen Teilen des Landes, die zum Zeitpunkt der Studie noch nicht von Schakalen besiedelt waren.

**Welche Auswirkungen hat der Goldschakal in Slowenien auf andere Wildtiere?**
Über die Auswirkungen auf das Rehwild herrscht große Besorgnis, vor allem in der Jägerschaft, aber es fehlen derzeit Untersuchungen, um die tatsächlichen Auswirkungen auf die Rehwildpopulation verlässlich beurteilen zu können. Wir wissen, dass Schakale junge und adulte Rehe erbeuten können. Es ist jedoch unklar, wie oft dies tatsächlich der Fall ist und ob dies oft genug geschieht, um die Rehpopulation negativ zu beeinflussen. Leider haben wir

## Miha Krofel

diesbezüglich zu wenig Daten. Ich gehe davon aus, dass die Schakale lokal eine Rehpopulation beeinflussen können, aber ob dies im größeren Stil geschieht, kann ich nicht beantworten. Wir haben eine vorläufige Studie über die Auswirkungen von Schakalen auf den Luchs durchgeführt, und dabei Kleptoparasitismus (Schakale, die sich von Beuteresten des Luchses ernähren) dokumentiert, aber solche Ereignisse scheinen bisher sehr selten zu sein, sodass wir keine großen Auswirkungen auf den Luchs erwarten. Diese Auswirkungen scheinen in Slowenien begrenzt zu sein, da sich das Verbreitungsgebiet des Luchses weitgehend mit dem der Wölfe überschneidet und die Wölfe die Schakale unterdrücken.

**Wie wird das Management der Goldschakale heute in Slowenien gehandhabt?**
Das Management konzentriert sich auf die Bejagung, und die Jagd basiert auf Jagdquoten, die jedes Jahr von der slowenischen Forstbehörde vorgegeben und geografisch nach der voraussichtlichen Schakal-Verbreitung aufgeteilt werden. Schakale werden von lokalen Jägern und Berufsjägern mit verschiedenen Jagdmethoden erlegt. Die Zahl der erlegten Schakale nimmt zu, von 154 im Jahr 2020 auf über 800 im Jahr 2023.

**Was erwartest du für die Zukunft der Goldschakale in Slowenien?**
Ich gehe davon aus, dass sich die Bestandszunahme stabilisieren wird, wenn sich die Dichte der Tragfähigkeit des Lebensraums nähert. Nach den bisher in Slowenien und anderen europäischen Ländern durchgeführten Untersuchungen erwarte ich nicht, dass die Jagd einen großen Einfluss auf die Population hat, aber die Verteilung und Dichte der Schakale wird von der Populationsdynamik der Wölfe in Slowenien beeinflusst werden.

**Welchen positiven Aspekt bringt die Ausbreitung der Goldschakale mit sich?**
Zu den wichtigsten Ökosystemleistungen der Schakale, die bisher untersucht wurden, gehören die Beseitigung von Kadavern und Schlachtabfällen, die in die Umwelt entsorgt werden, sowie das Fressen von Pflanzenschädlingen, z. B. verschiedenen Nagetierarten.

**Was waren für dich bisher die überraschendsten Erkenntnisse bezüglich den Goldschakalen?**
Ich bin immer wieder fasziniert von ihrer Anpassungsfähigkeit, vor allem, wenn es um menschliche Einflüsse geht. Sie nutzen den Menschen sogar als «Schutzschild», um dem Spitzenprädator Wolf auszuweichen. Wenn es keine Wölfe im Gebiet gibt, meiden die Schakale die Nähe zum Menschen. Sind die Wölfe aber präsent, so ziehen sich die Schakale eher in die Nähe des Siedlungsgebietes zurück, da sich dort keine Wölfe aufhalten. Sie weichen also ins Siedlungsgebiet aus, um dem Wolf aus dem Weg zu gehen.

**Was rätst du Regionen, in denen sich Goldschakale neu ausbreiten?**
Ich halte es für wichtig, ein Monitoring einzurichten, um die Entwicklung der Schakal-Population sowie die möglichen Auswirkungen auf die biologische Vielfalt und das Funktionieren des Ökosystems zu verfolgen. Wenn in dem Gebiet Nutztierhaltung betrieben wird, insbesondere, wenn Schafe auf offenen Weiden gehalten werden, ist es wichtig, Maßnahmen zur Konfliktvermeidung zu ergreifen, z. B. Elektrozäune aufzustellen und Herdenschutzhunde zu nutzen.

## Miha Krofel

**Hast du sonst noch etwas zu den Goldschakalen zu sagen?**
Schakale haben in Europa eine sehr interessante Geschichte. Obwohl sie lange Zeit auf dem Kontinent präsent waren (mindestens mehrere Jahrhunderte, wahrscheinlich aber Jahrtausende), waren sie meist auf Inseln und Meeresküsten in Südosteuropa beschränkt. Plötzlich begannen sie, ihr Verbreitungsgebiet auszudehnen, und heute haben sie fast alle Teile des Kontinents erreicht, einschließlich der Regionen jenseits des Polarkreises. Dies scheint in erster Linie mit Veränderungen in den europäischen Wolfspopulationen zusammenzuhängen. In der Vergangenheit, als Wölfe in Europa weit verbreitet waren, haben sie die Schakale offenbar so weit zurückgedrängt, dass sie sich nicht über die Küstenregionen hinaus ausbreiten konnten. Die intensive Verfolgung der Wölfe, vor allem im 19. und 20. Jahrhundert, die zur Ausrottung dieses Beutegreifers in weiten Teilen Europas führte, ermöglichte es den Schakalen, sich auszubreiten, und heute sind sie den Wölfen bereits zahlenmäßig weit überlegen. Obwohl sich die Wölfe in den letzten Jahrzehnten erholt haben, was die Verbreitung der Schakale in einigen Gebieten einschränkte, konnte dies die Ausbreitung der Schakale auf dem gesamten Kontinent nicht aufhalten, und die Schakale haben sich daran gewöhnt, die Präsenz von Menschen zu nutzen, um auch innerhalb der Verbreitungsgebiete der Wölfe zu überleben.

v Goldschakale sind zwar überwiegend in der Dämmerung und der Nacht aktiv, auch tagsüber können sie jedoch ihre Runden ziehen.

## 6.1 Der Goldschakal in der Nähe des Menschen

Der Goldschakal ist ein Tier, dass sich unter anderem von anderen Tieren und Abfällen ernährt. Wie bei vielen anderen Karnivoren sorgt diese Tatsache auch beim Goldschakal dafür, dass Konflikte zwischen Mensch und Goldschakal entstehen können. Dort, wo der Mensch Nutztiere hält, kann der Goldschakal für den Menschen zum Problem werden oder zumindest als ein solches wahrgenommen werden. Dort, wo der Mensch Wildtiere bejagt und einen Besitzanspruch an der Natur hat, kann es zwischen Mensch und Goldschakal zu realen oder wahrgenommenen Konkurrenzsituationen kommen. Dort, wo Siedlungsabfälle so entsorgt werden, dass Goldschakale davon angezogen werden, kann es zu unerwünschter Nähe dieser Tiere zum Menschen kommen. Und dort, wo die Kulturlandschaft für hohe Wildtierdichten sorgt, können Krankheiten auf Menschen oder ihre Haustiere übertragen werden. Für all diese Situationen, die aus Sicht der menschlichen Gesellschaft Probleme darstellen, braucht es qualitative Managementsysteme.

Angriffe von Goldschakalen auf Menschen sind hingegen keine echte Gefahr: Wie die meisten anderen Wildtiere auch, zieht sich der Goldschakal zurück, sobald sich Menschen nähern; er vermeidet den Kontakt, um sich selber keiner Gefahr auszusetzen. Von gesunden, wilden Goldschakalen geht demnach keinerlei Bedrohung für den Menschen aus.

Gewöhnung (Habituierung) oder Krankheit können jedoch Verhaltensweisen auslösen, die diesem natürlichen Verhalten entgegenlaufen. Habituierte Wildtiere, also wilde Tiere, die lernen, dass bestimmte Situationen keine Gefahr, sondern vielleicht sogar Vorteile bedeuten, können ihre Zurückhaltung gegenüber menschlicher Nähe abbauen. Ein bekanntes Beispiel hierfür sind Stadtfüchse: Angefütterte Füchse, für die vom Menschen in der Regel keine Gefahr ausgeht, trauen sich bis auf sehr geringe Distanzen an die Menschen heran, dringen zuweilen sogar in Gebäude ein, um dort nach Nahrung zu suchen (Kimmig 2021). Bei so geringen Distanzen können Krankheiten einfacher übertragen werden oder es können Gefahrensituationen entstehen, beispielsweise dann, wenn ein Wildtier sich in die Enge gedrängt fühlt und dann zubeißt. Wildtiere – auch Goldschakale – sollten daher grundsätzlich nicht angelockt oder angefüttert werden. Nahrungsressourcen in Siedlungsräumen sollten entsprechend gesichert sein. So kann einer kritischen Habituierung bereits zu einem guten Grad vorgebeugt werden.

Auch Krankheiten können die Verhaltensweisen von Wildtieren verändern und beispielsweise deren Fluchtreflexe unterbinden. Das ist beispielsweise in Asien schon mehrfach zum Problem geworden, als tollwütige Goldschakale Menschen bissen und diese mit der tödlichen Krankheit ansteckten (Jayaweera et al. 2024). In Mitteleuropa gilt die Tollwut allerdings als ausgerottet, weshalb vergleichbare Fälle nicht zu erwarten sind. Das Risiko eines Neueintrags wird im deutschsprachigen Raum aktuell als gering eingestuft.

Weitere Krankheiten, von denen der Goldschakal – ebenso wie andere verwandte Hundeartige und andere Wildarten – betroffen sein kann, sind zum Beispiel die Staupe, die Räude oder die Aujeszky-Krankheit. Von diesen Krankheiten geht für den Menschen selbst jedoch in der Regel keine Gefahr aus.

Zudem können Goldschakale wie alle anderen Tiere Parasiten beherbergen und übertragen. Viele Endo- und Ektoparasiten sind natürlicher Bestandteil eines intakten Ökosystems, ohne gesundheitliche Folgen für den Wirt. In der wissenschaftlichen Literatur wurde der Goldschakal beispielsweise mehrfach auch als Vektor für Zecken untersucht. Hierdurch entstand mancherorts die Befürchtung, dass der Goldschakal durch sein Ausbreitungsverhalten Parasiten und Krankheiten in Regionen transportieren könnte, in denen es sie bisher nicht gab. Goldschakale legen zwar große Strecken auf ihren Wanderungen zurück und erschließen Lebensräume, in denen sie vorher nicht existierten. Allerdings sind solche Bewegungen auch von anderen Tierarten bekannt, die im gesamten Verbreitungsgebiet des Goldschakals in Europa vorkommen und dieselben Parasiten und Keime tragen können. Dazu gehören beispielsweise der Rotfuchs, aber auch Wolf und Haushund, und auch bei Zugvögeln und Fledermäusen stellt sich diese Problematik (Walton et al. 2018). Die Ausbreitung des Goldschakals wird also voraussichtlich keine Risiken bezüglich Krankheiten mit sich bringen, die von anderen Tierarten nicht bereits bekannt sind.

Während also nicht davon auszugehen ist, dass die Ausbreitung des Goldschakals gesundheitliche Risiken für den Menschen mit sich bringt, kann dessen Einwanderung aber wirtschaftliche Folgen haben, insbesondere durch das Reißen von Nutztieren. In solchen Fällen geht es aber häufig um viel mehr als das. Hier greifen politische und juristische Regelwerke, denen sich betroffene Nutztierhaltende teilweise ausgeliefert sehen. Ihre ohnehin anspruchsvollen Arbeitsbedingungen und die wirtschaftliche Stellung in der Gesellschaft machen es ihnen durch Vorkommnisse wie solche Rissereignisse teilweise sehr schwer. Tauchen Goldschakale in Regionen auf, in denen es sie vorher nicht gab, befürchten Teile der Jägerschaft einen neuen Einflussfaktor, der einen Nachteil für sie und die Jagd bedeuten könnte. Ernährt sich der Goldschakal als neue Tierart von bedrohten heimischen Tierarten, befürchten klassischer Naturschutz und Jagd einen negativen Effekt auf schützenswerte Arten. Inwiefern das Vorkommen von Goldschakalen diesen Befürchtungen nachkommt, wird in den Kapiteln «Bedeutung des Goldschakals im Ökosystem» und «Goldschakal und Nutztiere» näher beleuchtet.

Zur Sprache kommt hin und wieder auch das Thema Hybridisierung. Grundsätzlich können sich alle Arten der Gattung *Canis* miteinander paaren und reproduktionsfähigen Nachwuchs zeugen. In Europa sind Fälle von Hybridisierung zwischen Goldschakal und Haushund bekannt (Galov et al. 2015; Stefanovic et al. 2024). Auf die Verpaarung von Wolf und Goldschakal deuten nur sehr wenige Fälle und Untersuchungen hin (Moura et al. 2014). In Regionen, in denen eine Tierart flächendeckend vorkommt, sind einzelne Ereignisse solcher Hybridisierungen nicht als genetische Gefahr für die betroffene Tierart einzuordnen. Dort, wo eine Tierart aber bisher rar ist, kann Hybridisierung aus Sicht des Artenschutzes unerwünschte Folgen haben. Von «sexuellem Notstand» wird in der Biologie gesprochen, wenn ein Vertreter einer Tierart keine ausreichenden Optionen hat, Geschlechtspartnern der eigenen Art zu begegnen. Geschlechtspartner anderer, nah verwandter Arten können in solchen Fällen als Sexualpartner akzeptiert werden. Mit solchen Szenarien muss grundsätzlich auch dort gerechnet werden, wo der Goldschakal neu auftaucht, also in vielen Ländern Europas. Bisher ist kein solches Szenario dokumentiert worden. In Südwestdeutschland, im Wurzacher Ried, lebte allerdings ein einzelner Goldschakal-Rüde über mindestens 1,5 Jahre, vermutlich ohne auf andere Goldschakale zu treffen. Der Rüde unterstützte eine Fuchsfähe bei der Aufzucht ihrer Jungen über zwei Som-

mer hinweg. Was tatsächlich zu dieser außergewöhnlichen Paarbildung führte, ist unklar. Vermutet wird vor allem der Bedarf an sozialem Austausch von Seiten des Goldschakal-Rüden (Böcker et al. 2024) (s. auch Kapitel Bedeutung im Ökosystem).

Häufig spielen auch Auseinandersetzungen zwischen Verbänden oder gesellschaftlichen Gruppen eine Rolle, die sich auf Diskussionen rund um den Goldschakal auswirken. Beispielweise wird der klassische Naturschutz, von dem von der Gesellschaft allgemein vermutet wird, dass er eine Tierart wie den Goldschakal begrüßt, Gruppierungen wie die Nutztierhaltung gegenübergestellt. Von Personen der Nutztierhaltung wird eher angenommen, dass eine Akzeptanz von Tieren, die in der Lage sind, Nutztiere zu erbeuten, gering ist. In diesem Fall werden klassischer Naturschutz und Nutztierhaltung also bereits als Gegenstimmen gegenübergestellt, bevor begonnen wird, über den Goldschakal zu diskutieren. Dies befeuert häufig Konflikte und trägt nicht zu gelungenen, konstruktiven Gesprächen bei. Beispiele aus verschiedenen Regionen und Projekten zeigen aber, dass es besonders wichtig ist, verschiedene betroffene Akteursgruppen gleichermaßen einzubinden, wenn es darum geht, das Management für eine bestimmte Tierart voranzubringen.

Folglich sollten Regionen, in denen der Goldschakal lebt, leben wird und mögliches Konfliktpotenzial mit sich bringt, auf einen qualitativen, gut moderierten und langfristigen Dialog zwischen Beteiligten setzen. Hieraus kann ein konstruktives Management entstehen, dass alle berücksichtigt und demokratischen Prozessen entspricht.

^ Jägerinnen und Jäger sind häufig die ersten Personen, die mitbekommen, wenn sich Goldschakale im Revier aufhalten.

## 6.2 Schutz und Schutzstatus

In der EU ist der Goldschakal in Anhang V der Flora-Fauna-Habitat-Richtlinie – FFH – (Richtlinie 92/43/EWG des Rates vom 21. Mai 1992 zur Erhaltung der natürlichen Lebensräume sowie der wildlebenden Tiere und Pflanzen) als «Art von gemeinschaftlichem Interesse» aufgeführt. Auf nationaler Ebene in Europa ist sein Schutzstatus nach innerstaatlichem Recht von Land zu Land unterschiedlich. Alle Mitgliedstaaten der EU müssen jedoch die Habitat-Richtlinie einhalten, die rechtsverbindlich ist und vor nationalen Gerichten direkt durchgesetzt werden muss.

Es gibt mehrere zusätzliche rechtliche Mittel, die für den Goldschakal in Europa potenziell relevant sind. In der Berner Konvention (Berner Übereinkommen über die Erhaltung der europäischen wildlebenden Pflanzen und Tiere und ihrer natürlichen Lebensräume vom 19. Oktober 1979, welche in Deutschland, Österreich und der Schweiz gilt) ist der Goldschakal nicht in Anhang II (beinhaltet streng geschützte Arten) oder III (beinhaltet geschützte Arten) aufgeführt, sodass nur allgemeine Erhaltungspflichten gelten. Der breite Geltungsbereich des Übereinkommens über die biologische Vielfalt (CBD) vom 5. Juni 1992, der die gesamte biologische Vielfalt abdeckt, schließt auch den Goldschakal ein. Das Übereinkommen über den internationalen Handel mit gefährdeten Arten freilebender Tiere und Pflanzen (CITES) vom 3. März 1973 listet die Art für Indien, Liechtenstein und die Schweiz. Die Listung einer Art in CITES bedeutet, dass sie durch das internationale Abkommen geschützt wird, um sicherzustellen, dass der Handel mit dieser Art oder ihren Produkten (z. B. Felle, Elfenbein, Holz, Arzneimittel) die Art nicht gefährdet.

Nicht aufgeführt ist der Goldschakal im Bonner Übereinkommen zur Erhaltung der wandernden wildlebenden Tierarten (CMS) vom 23. Juni 1979. Er fällt auch nicht unter die IAS-Verordnung (Nr. 1143/2014 des Europäischen Parlaments und des Rates vom 22. Oktober 2014 über die Prävention und das Management der Einbringung und Ausbreitung invasiver gebietsfremder Arten) und ist auch nicht in der «Liste der invasiven gebietsfremden Arten, die für die Union von Belang sind» (Europäische Union 2017) aufgeführt. Da sich der Goldschakal von selbst, d. h. ohne menschliche Unterstützung ausbreitet, wird er nicht als gebietsfremde Art (Neozoon) betrachtet (Rutkowski et al. 2015). Da der Goldschakal in Südosteuropa ein erfolgreiches Comeback erlebt und nun sein Verbreitungsgebiet in Gebiete ausgedehnt hat, in denen er zuvor nicht vorkam, wird sein Status in der Roten Liste der IUCN aufgrund der positiven und zunehmenden Populationstrends als «least concern» (nicht gefährdet) eingestuft (Hoffmann et al. 2018).

Als Herausforderung im Management zeigt sich das föderale System, wie etwa in Deutschland oder Österreich – hier gibt es in jedem Bundesland eigene Regelungen dafür, wie mit dem Goldschakal umzugehen ist. Mittlerweile darf der Goldschakal in Österreich in sechs von neun Bundesländern bejagt werden. In der Schweiz gilt die FFH-Richtlinie der EU nicht, jedoch ist die Art hier geschützt, weil sie nicht

> Wildkameras werden meist an Bäumen angebracht. Standort und Ausrichtung werden so gewählt, dass die Bilder der Zielart qualitativ möglichst gut sind.

> Die Nutzung von Wildkameras ist im Monitoring des Goldschakals häufig anzutreffen. Ein Großteil des Wissens über die Tiere lässt sich auf diese Weise generieren.

im eidgenössischen Jagdgesetz (Bundesgesetz über die Jagd und den Schutz wildlebender Säugetiere und Vögel) als jagdbare Art aufgeführt wird. In weiteren europäischen Ländern gelten ebenso unterschiedliche Regelungen. In Polen wurde der Goldschakal erst 2019 als Wildart eingestuft und erhielt eine Jagdzeit vom 1. August bis Ende Februar, wobei für die Jagdsaison 2019/20 eine Höchstquote von 1270 Individuen festgelegt wurde (Hatlauf et al. 2021a). In Tschechien hat die Art keinen rechtlichen Status und ist nicht im Jagdgesetz aufgeführt (Trouwborst et al. 2015), was bedeutet, dass das Töten nicht verboten ist, aber von der Naturschutzbehörde genehmigt werden muss. In der Slowakei ist der Goldschakal seit 2013 als Wildart gelistet, mit einer offenen Jagdsaison vom 1. August bis Ende Februar. In Ungarn können Schakale ganzjährig als Wildart gejagt werden. In Slowenien änderte sich der rechtliche Status mehrfach. Im Gegensatz dazu wird der Goldschakal in Italien als besonders geschützte Art aufgeführt. Der Status des Goldschakals ist also sehr divers und spiegelt zum einen die unterschiedlichen Bestandsdichten und zum anderen die diversen Naturschutzbemühungen in den Ländern wider.

## 6.3 Monitoring

Das Goldschakal-Monitoring beschreibt die Beobachtung rund um Vorkommen, Verbreitung, Vermehrung und Bestandsveränderung des Goldschakals. In vielen Regionen Europas existiert kein standardisiertes, regelmäßiges und dauerhaftes Goldschakal-Monitoring. Stattdessen werden Informationen rund um den Goldschakal meist über zeitlich befristete Projekte und wissenschaftliche Fragestellungen erhoben oder zusammengetragen. Auch jagdliche Daten wie Abschusszahlen oder Zahlen von Straßenverkehrsopfern können als Monitoringdaten Verwendung finden und Aufschluss über die Situation des Goldschakals geben.

Im Folgenden soll aber vor allem auf das Monitoring des Goldschakals in Deutschland, der Schweiz und Österreich eingegangen werden. Seit vielen Jahren werden die Situationen bestimmter Tierarten, wie etwa der großen Beutegreifer Luchs, Bär und Wolf mit standardisierten Methoden untersucht, um vergleichbare Daten zu generieren. Die sogenannten SCALP-Kriterien, die ursprünglich nur für das Luchsmonitoring im Alpenraum geschaffen wurden (Molinari-Jobin et al. 2003, Molinari-Jobin et al.

2012), wurden zunächst für den Wolf und den Bären weiterentwickelt (Reinhardt et al. 2015). Dabei entstanden Standards, auf deren Basis auch die Auswahl der Monitoringmethoden beruhte. Heute sind diese Regularien aus dem mitteleuropäischen Monitoring von großen Beutegreifern nicht mehr wegzudenken. Der Goldschakal ist eine Tierart, die zwar biologisch häufig nicht den großen Beutegreifern zugeordnet wird, trotzdem aber viele Parallelen in Lebensweise, Migrationsverhalten, Schutzstatus usw. aufweist. Seit einigen Jahren werden daher auch in Deutschland, der Schweiz und in Österreich Beurteilungskriterien für Hinweise des Goldschakals verwendet, die auf den SCALP-Kriterien basieren.

Die SCALP-Kriterien aus den Empfehlungen für das Monitoring des Goldschakals (Hatlauf und Böcker 2021) unterscheiden folgende Kategorien:

- C1 – sichere Nachweise (Fotos, Videos, Fang, Totfund, DNA-Nachweise, Heulen)
- C3 – unbestätigte Hinweise (Hinweise, bei denen ein Goldschakal weder sicher ausgeschlossen, noch bestätigt werden kann)
- Keine Beurteilung möglich – Die Informationslage bietet keine ausreichende Grundlage, um eine genauere Einschätzung vorzunehmen.
- Negativ – ein Goldschakal kann sicher ausgeschlossen werden.

Die Kategorie C2 existiert zwar im Monitoring von Wolf, Luchs und Bär, wird aber für das Monitoring des Goldschakals nicht vorgeschlagen. Diese Kategorie beinhaltet indirekte Hinweise wie Losung, Fährten oder gerissene Beutetiere mit deutlichen tierartspezifischen Merkmalen. Die Verwechslung zu anderen Tieren ist bei diesen Hinweistypen im Goldschakalmonitoring jedoch vergleichsweise hoch, weshalb sie nicht verwendet werden.

Im Monitoring des Goldschakals können verschiedene Hinweistypen unterschieden werden:

### Fotos, Videos

Dokumentiertes Bildmaterial ermöglicht es auch Dritten, zu verifizieren oder zu widerlegen, dass auf den Aufzeichnungen tatsächlich ein Goldschakal zu erkennen ist. Um einen Hinweis zu bestätigen, ist es wichtig, dass ausreichend eindeutige Merkmale erkennbar sind und die beurteilenden Personen ausreichend Erfahrung vorweisen können. Eine möglichst gute Qualität des Bildmaterials ist dabei entscheidend.

### Sichtungen

Als Sichtung wird die Beobachtung eines Goldschakals durch eine Person bezeichnet. Dies kann mit oder ohne Sichthilfe (z. B. Fernglas) und mit oder ohne Aufzeichnung passieren. Bei einer Sichtungsmeldung ist es wichtig, die Umstände der Beobachtung zu dokumentieren, um genauere Einschätzungen treffen zu können und ggf. auch Managementmaßnahmen vorschlagen zu können.

### Fährten

Hinterlassen Goldschakale mehrere Trittsiegel/Fußabdrücke hintereinander, kann die Fährte entdeckt, dokumentiert und ggf. näher untersucht werden. Fährten können im Sand, in weicher Erde, aber auch im Schnee zu sehen sein. Da Fußabdrücke von mittelgroßen Hundeartigen sehr ähnlich sein können, ist sehr viel Erfahrung notwendig, um die Fährte einer Tierart zuzuordnen. Wichtig kann eine Fährte aber vor allem auch dann sein, wenn sie zu weiteren, ergiebigeren Hinweisen, wie etwa Urin oder Losung führt.

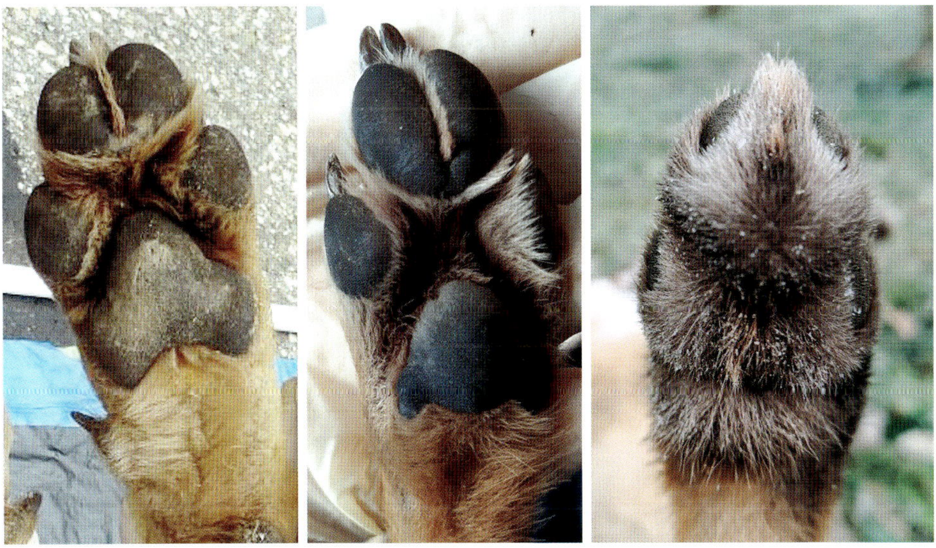

^ Die Bestimmung von Goldschakal-Fährten ist schwierig und bedarf viel Erfahrung. Eine umfassende fotografische Dokumentation mit verschiedenen Maßangaben, die Informationen über das Verhalten, die Gangart, die Schrittlänge und die Trittsiegelgröße bereithält, ist Voraussetzung für eine genauere Analyse.

^ Die Pfoten von Wolf, Goldschakal und Fuchs (v. l. n. r.) sind sehr ähnlich aufgebaut und unterscheiden sich vor allem in ihrer Größe. Je nach Individuum, Jahreszeit und Umwelteinflüssen kann das Erscheinungsbild der Pfoten jedoch stark variieren. So zeigt beispielsweise dieser Fuchs eine besonders starke Behaarung zwischen den Zehen. Dies kann grundsätzlich auch bei Wolf und Goldschakal auftreten. Entsprechend können auch die Trittsiegel dieser Tierarten sehr verschieden aussehen und die Suche nach charakteristischen, arttypischen Merkmalen kann in die Irre führen.

*Losung*

Die Losung, also der Kot von Goldschakalen, kann vor allem über genetische Untersuchungen sehr wichtige Informationen bereitstellen. Sie ist jedoch nur mit sehr viel Erfahrung von der Losung verwandter Tiere wie Fuchs, Wolf oder Hund zu unterscheiden. Dass liegt daran, dass sich alle Arten zumindest zeitweise sehr ähnlich ernähren können, und dass die Größe ihrer Losung stark variiert, was es erschwert, sie eindeutig einer Art zuzuweisen. Verschiedene Untersuchungen haben jedoch auch gezeigt, dass der Einsatz speziell trainierter Hunde einen großen Mehrwert bieten kann. Haben solche Hunde gelernt, Losung von Goldschakalen auf größere Distanzen aufzuspüren und auch in unübersichtlichem Terrain zu finden und dem Menschen anzuzeigen, gelangt man schnell an wertvolle neue Informationen über die Wildtiere (Hatlauf et al. 2021c, Böcker et al. 2023). Wichtig ist, dass sogenannte Artenspürhunde gewissenhaft und professionell ausgebildet werden und deren

^ Die Suche nach der Losung von Goldschakalen kann je nach Habitat sehr schwierig sein. Die Nase eines trainierten Hundes kann hier eine große Hilfe sein. Wurzacher Ried, Baden-Württemberg.

^ Der Kot von Goldschakalen ist von dem anderer Tiere mit ähnlicher Ernährung nur schwer zu unterscheiden.

Ausbildung sowie Arbeit gut dokumentiert wird. Mithilfe von Artenspürhunden kann die Präsenz von Wildtieren wie dem Goldschakal bestätigt werden, und es können einfacher Kotproben für Nahrungs- oder Genanalysen gesammelt werden.

### Urin

Urin, der von Goldschakalen im Schnee abgesetzt wurde, kann ebenfalls genetisch untersucht werden und hierdurch wichtige Informationen zur Verfügung stellen. Diese Stellen sind im Schnee vor allem an Schakalfährten sichtbar und auch entsprechend zuzuordnen. Im Monitoring können solche Funde wertvoll sein, sie sind aber vergleichsweise selten.

### Östrusblut

Östrusblut ist noch seltener als Urinspuren zu finden. Es gewährt aber nicht nur Einblick in wertvolle genetische Informationen, sondern auch über das Fortpflanzungsverhalten territorialer Goldschakale.

### Risse und Nachnutzung

Tote oder verletzte Wild- oder Nutztiere, die von einem oder mehreren Goldschakalen getötet worden sein könnten, können weitere Informationen neben der Präsenzbestätigung liefern. Sie können beispielweise Informationen über das Jagd- und Ernährungsverhalten der Goldschakale schaffen oder, falls sich genetisches Material am Riss findet, Information über die Identitäten der beteiligten Schakale liefern. Da Goldschakale sich jedoch auch häufig von toten Tieren ernähren, die sie nicht selber gerissen haben, muss bei der Interpretation ausgeschlossen werden können, dass es sich lediglich um eine Nachnutzung handelt. Besonders im Hinblick auf den Themenkomplex «Herdenschutz« und damit einhergehende betriebspraktische und politische Aspekte ist dieser Umstand relevant, um Falschinterpretationen und Fehlentwicklungen im Goldschakalmanagement vorzubeugen.

^ An diesem toten Schaf konnte DNA eines Goldschakals an den Fraßstellen nachgewiesen werden. Durch den fortgeschrittenen Nutzungs- und Verwesungszustand ließ sich in diesem Fall jedoch nicht mehr ermitteln, was die tatsächliche Todesursache des Schafes gewesen ist. Bestätigen lässt sich lediglich die Nutzung durch den Goldschakal.

### Höhlen

Goldschakalfähen gebären ihre Jungen im Frühjahr meist in Höhlen oder ähnlichen schützenden Strukturen (s. Kapitel Lebensweise). Werden diese Höhlen außerhalb des genutzten Zeitraumes entdeckt, sind sie für den Menschen wohl kaum von Höhlen anderer Tierarten wie Fuchs oder Dachs zu unterscheiden. In Kombination mit anderen Maßnahmen (z.B. Fotofallen) oder entsprechenden Vorinformationen können Höhlen oder deren Überwachung wichtige Informationen bereitstellen. An diesen Orten lässt sich ggf. wertvolles, genetisches Material sammeln. Kameras ermöglichen zudem, die Anzahl

geborener Welpen zu ermitteln. Um die Schakale und ihre Jungenaufzucht in dieser sensiblen Phase nicht zu stören, sollte die Überwachung von Höhlen nur sehr zurückhaltend und lediglich im Rahmen von Forschungsprojekten oder offiziellen Aufträgen, niemals aber durch Privatpersonen durchgeführt werden.

### *Heulen*

Das Heulen der Goldschakale ist arttypisch. Mit etwas Erfahrung ist das melodische Heulen der Tiere nicht mit den Geräuschen anderer heimischer Tiere zu verwechseln. Das Durchführen von aktivem akustischem Monitoring gilt in Europa bereits seit Langem als eine der erprobtesten Methoden zur Untersuchung von territorialen Goldschakalen.

### Passives Monitoring – Entgegennahme von Hinweisen aus der Bevölkerung

Im Monitoring von Tierarten, die große Flächen bewohnen und große Strecken zurücklegen können, sind die Institutionen, die das Monitoring durchführen, häufig auf Meldungen aus der Bevölkerung angewiesen, um überhaupt mitzubekommen, wo Individuen einer solchen Art auftauchen oder leben. Auch beim Goldschakal ist es schwierig, flächig standardisierte Monitoring-Projekte umzusetzen und Monitoring-Techniken zu etablieren. Zu ungewiss ist bisher, wo die Tiere in Mitteleuropa territorial sind. Durch die Auswertung von Verdachtsmeldungen aus der Bevölkerung kann in Regionen mit plausiblen Meldungen näher untersucht werden, ob es dort tatsächlich Goldschakale gibt. Dadurch kommt dem passiven Monitoring besonders dort eine hohe Bedeutung zu, wo Goldschakale noch nicht flächig vorkommen.

< Die Wurfhöhlen von Goldschakalen liegen häufig versteckt und werden nur selten entdeckt.

< Der Höhleneingang ist in der Regel nur so groß wie nötig. Auch alte Bauten anderer Tiere können genutzt oder ausgebaut werden. Vermutlich können aber auch andere schützende Strukturen wie Felsvorsprünge oder dichte Vegetation anstatt einer Höhle genutzt werden, um Junge zu gebären und großzuziehen.

### Aktives Monitoring – Methoden

Neben dem passiven Monitoring können dort aktiv Monitoring-Methoden angewendet werden, wo eine Präsenz von Goldschakalen vermutet wird oder bereits bekannt ist. Wichtig ist, dass alle Monitoring-Maßnahmen mit der notwendigen Professionalität und Rücksicht gegenüber der Umwelt, den Tieren und betroffenen Menschen durchgeführt werden. Bestimmte Methoden dürfen ausschließlich von den damit beauftragten Personen und Institutionen durchgeführt werden. Häufig ist eine gute Absprache mit flächenverantwortlichen Personen notwendig oder wenigstens zu empfehlen. Weiterhin muss grundsätzlich darauf geachtet werden, dass Wildtiere durch Aktivitäten im Monitoring möglichst wenig gestresst werden sollen. Eine Abwägung dieser Faktoren kann teilweise auch dazu führen, dass Maßnahmen nur eingeschränkt oder gar nicht durchgeführt werden. So sollte beispielsweise auf den Fang von Wildtieren verzichtet werden, wenn andere Maßnahmen ähnlich geeignet sind, um offene Fragestellungen zu beantworten, oder wenn der Stress bei den betroffenen Tieren durch den Fang unverhältnismäßig hoch ist.

### *Fotofallen*

Der Einsatz von automatischen Wildkameras ist heutzutage aus der Wildtierforschung nicht mehr wegzudenken. Die Kameras werden am gewünschten Ort platziert und lösen Bilder oder Videos aus, sobald sich ein Tier im Erfassungsraum vor der Kamera befindet. Die Produktpalette erweitert sich stetig und so unterscheidet man heute beispielsweise zwischen Wildkameras mit Weißblitz, mit Infrarotblitz oder zwischen Kameras mit oder ohne Funk-Option – also solchen, die die gemachten Fotos direkt per Mobilfunknetz versenden können. Je nach Situation und Einsatzzweck ist hier ein anderes Modell das jeweils beste. Im Goldschakal-Monitoring eignen sich vor allem Kameras mit hoher Bildschärfe, schneller Auslösegeschwindigkeit und Infrarotblitz. Durch die schnelle Fortbewegung der Goldschakale kann so auch bei Nacht bestmöglich Bewegungsunschärfe vermieden werden und die Tiere lassen sich so häufig noch von ähnlichen Tieren wie Füchsen unterscheiden.

### Fährten

Weil die korrekte Bestimmung und Analyse von Fährten des Goldschakals nur mit viel Erfahrung möglich ist, wird von den Autorinnen und dem Autor davon abgeraten, die gezielte Suche nach Fährten des Goldschakals ins aktive Monitoring einzubinden. Lediglich dort, wo entsprechende Böden und eine höhere Schakaldichte es möglich machen, häufig auf Schakalfährten zu stoßen und somit schnell ein Erfahrungsschatz aufgebaut werden kann, kann es sinnvoll werden, Fährten mit Schakalverdacht zu untersuchen, um auf weitere auswertbare Hinweise zu stoßen.

### BAM – Das Bioakustische Monitoring

Bioakustisches Monitoring (engl. = Bioacoustic Monitoring) ist bereits seit vielen Jahren die Standardmethode im europäischen Goldschakal Monitoring. Besonders dort, wo Goldschakale in Gruppen leben und territorial sind, können mit dieser Methode verschiedene Fragestellungen beantwortet werden. Nachdem das Heulen einer Schakalgruppe mithilfe eines Megaphons abgespielt wurde, antworten territoriale Goldschakale häufig mit entsprechenden Gruppenrufen. Neben der grundsätzlichen Präsenz können sich so häufig auch die Anzahl Individuen und ggf. verschiedene Gruppen bestimmt werden. Regelmäßige, aber nicht zu häufige Wiederholungen ermöglichen es darüber hinaus, Veränderungen festzustellen oder ein Bild zu festigen. Der Einsatz von BAM führt aber nicht zwingend zum Erfolg: So wurde es beispielsweise erfolglos in Regionen Deutschlands eingesetzt, in denen einzelne Schakale territorial lebten (z.B. Böcker et al. 2024). Ebenso wurde in Österreich in einigen Regionen mit vorher bekanntem Gruppenauftreten erfolglos akustische Stimulation durchgeführt (Hatlauf und Hackländer 2016). Die Gründe dafür sind unklar. Möglicherweise antworten Goldschakale erst mit ausreichender Sicherheit in der Gruppenstärke auf simulierte Rufe. Wichtig ist beim Einsatz von BAM auf alle Fälle eine standardisierte Dokumentation. Sowohl die Aufnahme entsprechender Randinformationen (z. B. Ort, Windrichtung, Windstärke, Wiederholungen, Antworten anderer Tiere) als auch die Aufnahme der Antworten ist wichtig, um auch später Analysen durchzuführen und Dritten die Verifizierung zu ermöglichen.

> Bei einer Fährtendokumentation kann man nicht zu viele Fotos haben!

> Mit abgespielten Aufnahmen des Heulens von Goldschakalen lassen sich diese zum Antworten animieren.

### PAM (Passives akustisches Monitoring)

Grundsätzlich ist auch die Aufnahme des Geheuls von Goldschakalen ohne aktive Stimulation und dadurch mit geringerer Störwirkung eine Option. Hierfür lassen sich beispielsweise Aufnahmegeräte an Bäumen montieren, die über einen längeren Zeitraum Tonspuren aufnehmen. Die Aufnahmen lassen sich anschließend mit geeigneten Programmen auswerten.

### Telemetrie (Fußfallen, Kastenfallen, Managementsituation)

Die Radio- (VHF) oder GPS-Telemetrie ist keine klassische Monitoring-Methode. Sie kann aber helfen, wichtige Daten über einzelne besenderte Individuen oder Gruppen bereitzustellen. Goldschakale werden hierfür gefangen und anschließend mit oder ohne Narkose untersucht und mit einem Sendehalsband ausgestattet. Für wissenschaftliche Projekte werden die Tiere meist mit Fußfallen oder Kastenfallen gefangen. Die Batterien der anschließend angelegten Halsbänder reichen in der Regel einige Monate oder sogar 1–2 Jahre. Trägt ein Goldschakal ein GPS-Halsband, übermittelt es den Forschenden meist alle paar Stunden oder Tage gebündelt Informationen zu zurückliegenden Aufenthaltsorten. So kann über eine Zeitspanne herausgefunden werden, wie groß das genutzte Streifgebiet ist, wo sich Rückzugsorte befinden, wo eine Wurfhöhle genutzt wird, wo sich die Goldschakal-Gruppe regelmäßig für sozialen Austausch trifft oder wo gejagt wird. Spannend wird es, wenn jüngere, besenderte Goldschakale ihr elterliches Territorium verlassen und große Strecken zurücklegen, um andernorts ein eigenes Territorium zu etablieren. Hierbei werden teilweise mehrere Hundert Kilometer zurückgelegt (s. dazu Kapitel Lebensweise). Heute sind die meisten GPS-Halsbänder mit einem Modul ausgestattet, welches das Halsband automatisch nach dem Ablauf einer bestimmten Zeit öffnet. So muss der Schakal nicht unnötig lange mit dem Halsband herumlaufen.

### Totfunde, Abschusszahlen

Dort, wo bereits viele Goldschakale vorkommen, kommt es auch immer wieder zu Verkehrsopfern. In vielen Ländern werden Goldschakale auch bejagt. Diese toten Schakale können helfen, Daten für die Forschung zu liefern. Sektionen toter Schakale können außerdem Informationen über den Gesundheitszustand und viele andere Details beisteuern.

### Wärmebildgeräte, Wärmebilddrohne

Heute gewinnt die Nachtsichttechnik in der Jagd wie auch in der Wildtierforschung immer mehr an Bedeutung. Besonders die Wärmebildtechnik ermöglicht es in verschiedenen Situationen, Informationen über nachaktive Tiere zusammenzutragen. Bei der direkten Beobachtung von Wildtieren in der Kombination mit BAM lässt sich genau beobachten, wie sich diese verhalten. In manchen Regionen werden auch bereits gezielt Wärmebilddrohnen eingesetzt, um Wildtiere auch aus größerer Entfernung zu beobachten und zu dokumentieren. Diese Techniken ermöglichen teilweise wertvolle Einblicke in das Leben solcher Tiere. Bei Caniden ist jedoch auch hier zu berücksichtigen, dass sie sich teilweise schwer von verwandten Tierarten unterscheiden lassen. Zudem sollte die Interpretation von beobachtetem Verhalten von entsprechend erfahrenen Personen durchgeführt werden, um Fehlinterpretationen zu vermeiden.

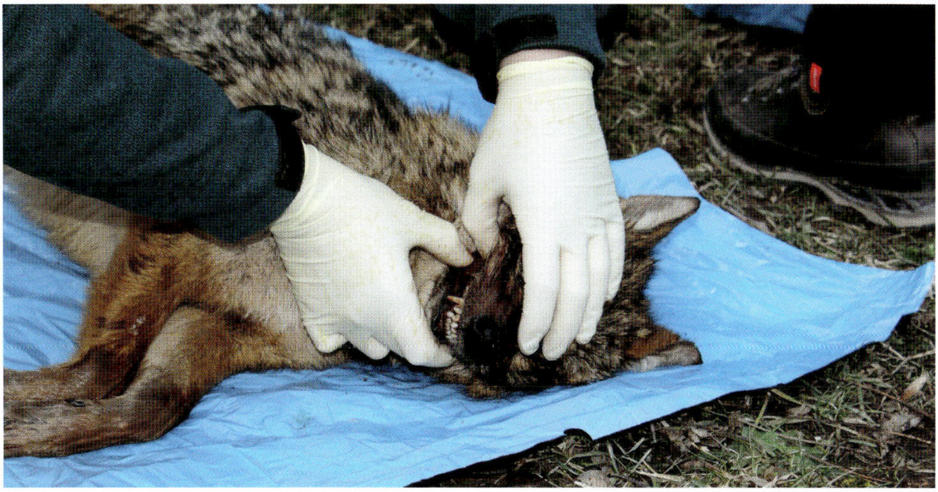

^ Die Untersuchung toter Goldschakale kann wertvolle Informationen über ein Individuum, aber auch über das lokale Vorkommen der Tierart liefern.

^ Die Qualität von Wärmebildaufnahmen kann sehr unterschiedlich sein. In vielen Fällen ist es jedoch nur sehr schwer möglich, Goldschakale sicher zu bestimmen und von verwandten Arten zu unterscheiden.

## Empfehlungen

### *Szenario «Erster Nachweis»*

Ist ein erster Nachweis eines einzelnen Goldschakals in einem Gebiet erbracht, in dem es vorher noch keine Nachweise gegeben hat, gibt es verschiedene Möglichkeiten, die Situation näher zu untersuchen. Sind bekannte Vorkommen und Reproduktionsgebiete des Goldschakals mehrere Hundert Kilometer entfernt, ist es wahrscheinlich, dass es sich um einen zufälligen Nachweis eines durchziehenden Einzeltieres gehandelt hat und keine weiteren Nachweise in dieser Gegend auftauchen werden. Auch diese Tiere werden sich aber früher oder später an einem geeigneten Ort niederlassen, um ein Territorium zu etablieren. Es ist also auch möglich, dass weitere Nachweise folgen werden. Wichtigste Maßnahme in dieser Situation ist der Aufbau von guten Kontakten aus der Landwirtschaft, der Jagd, dem klassischen Naturschutz oder der Forstwirtschaft in diesem Gebiet. Personen aus diesen Bevölkerungsgruppen bekommen häufig mehr mit und können bei Verdacht weitere Hinweise melden. Beim Aufbau dieser Kontakte ist es wichtig, ein Vertrauensverhältnis aufzubauen, aber auch Wissen zu teilen.

Gibt es weitere Hinweise, die dafür sprechen, dass sich ein oder mehrere Goldschakale in der Region aufhalten, sollten Wildkameras eingesetzt werden, um regelmäßige Präsenz des oder der Goldschakale zu bestätigen. Gibt es Möglichkeiten, genetische Proben zu bekommen (Losung, gerissene oder genutzte Wild- oder Nutztiere etc.), sollten die Individuen erfasst werden, um Verwandtschaftsverhältnisse zu lokalen oder weiter entfernten Goldschakalen zu ermitteln oder wandernde Tiere andernorts erneut identifizieren zu können.

### *Szenario «Territorialität»*

Sprechen wiederholte Nachweise in einer Region dafür, dass ein oder mehrere Goldschakale ein Territorium etabliert haben, sollte über Wildkameras regelmäßig die Präsenz bestätigt werden. Bereits eine Wildkamera an einem Wildwechsel, der regelmäßig von den Goldschakalen genutzt wird, kann die erforderlichen Daten generieren. Erfahrungen der Autorinnen und des Autors zeigen, dass Goldschakale in einem Gebiet, in dem es mindestens eine Familiengruppe gibt, an einer solche Stelle mit hoher Wahrscheinlichkeit mehrfach pro Monat registriert werden. Sind geeignete Standorte gefunden, lassen sich auf diesem Wege vermutlich auch regelmäßig Welpen im Zeitraum zwischen Juni und September nachweisen. Auch spätere Welpen-Nachweise sind möglich, jedoch wird es mit der Zeit zunehmend schwieriger, diese von älteren Goldschakalen zu unterscheiden. Aufgrund der vergleichsweise geringen Territoriengröße der Tierart ist die Wahrscheinlichkeit hoch, dass die Tiere einer Gruppe mitsamt den Welpen an einer installierten Wildkamera vorbeikommen. Mithilfe der Wildkameras sind demnach bereits die Minimalanforderungen an ein qualitatives Goldschakal-Monitoring abgedeckt; Präsenz und Reproduktion lassen sich gut erfassen. Wünschenswert wäre darüber hinaus das Zusammentragen weiterer Informationen über das lokale Goldschakal-Vorkommen und sein Verhalten. Hier könnten weitere Methoden wie BAM, die Suche nach genetischen Hinweisen u.a. helfen. In einem solchen Szenario ist auch die Kommunikation mit der Bevölkerung wichtig. Damit Goldschakale und andere Wildtiere nicht durch Schaulustige gestört werden, sollten keine genauen Standorte bekanntgegeben werden. Jedoch sollte kommuniziert werden, dass sich

Goldschakale in der Region aufhalten und vermutlich niederlassen werden. So kann das grundsätzliche Wissen über den Goldschakal gefördert werden und es wird das Vertrauen in die Transparenz und Professionalität geschaffen, was wiederum zu einer größeren Akzeptanz der Untersuchungen führen kann.

### Szenario «flächendeckendes Vorkommen»

Kommen Goldschakale flächendeckend vor, bestimmen in der Regel gesellschaftliche und politische Anforderungen über die eingesetzten Monitoring-Maßnahmen. Auch der Schutzstatus der Tierart kann über den erforderlichen Umfang der angewendeten Methoden entscheiden. In vielen Staaten existiert kein flächiges und standardisiertes Monitoring. Die Entwicklung der Situation wird dort vor allem über die Jagdstatistik abgebildet, wobei es zu berücksichtigen gilt, dass weitere Faktoren eine Veränderung beeinflusst haben könnten und demnach nicht die tatsächliche Situation des Goldschakals abgebildet wird. Werden jährliche Abschussquoten definiert, kann natürlich auch diese die Anzahl erlegter Tiere beeinflussen. Eine standardisierte und dauerhafte Erfassung von Jagdstatistik und Totfunden ist empfehlenswert. Ergänzend kann ein stratifiziertes Monitoring einen guten Einblick in die Entwicklung ermöglichen. Hierbei wird nicht flächig aufwendiges Monitoring betrieben, sondern modellhaft in verschiedenen Regionen. Mittels Extrapolation lassen sich die ermittelten Erkenntnisse auf eine größere Region annähernd realistisch übertragen.

^ Insbesondere dort, wo Goldschakale ein Territorium etabliert haben, können mittels Wildkameras viele interessante Daten generiert werden. Da die Tiere für das Foto oftmals nicht inne halten, können die Bilder auch mal unscharf sein. Da gilt es genau hinzuschauen um zu sehen, wie viele Tiere tatsächlich auf dem Bild sind.

## 6.4 Goldschakal und Nutztiere

Auch wenn Goldschakale in der Regel kleinere Beutetiere bevorzugen, verschmähen sie als Opportunisten, sofern sich die Gelegenheit bietet, auch Nutztiere nicht. Dabei werden vor allem kleinere Tiere wie Geflügel, deren Eier, Schafe und Ziegen erbeutet. In einigen Nahrungsanalysen machen Nutztiere sogar den Hauptteil der Nahrung der Goldschakale aus. Möchte man einschätzen, inwiefern das Fressen von Nutztieren zu einem Konflikt zwischen Mensch und Goldschakal führen kann, muss genauer betrachtet werden, ob Goldschakale tote Nutztiere fressen oder diese selbst erbeuten.

### Nutzung von Kadavern

In Gebieten, in welchen Nutztiere den Hauptbestandteil der Goldschakal-Nahrung ausmachen, wurden diese mehrheitlich nachgenutzt, also bereits tot aufgefunden und gefressen. So machten Ziegen beispielsweise in Griechenland rund 56 % der Nahrung aus; also in einem Gebiet, in welchem viele Ziegen gehalten werden und die Kadaver verstorbener Ziegen offen auf den Weiden zurückgelassen oder zugänglich entsorgt werden. In Gebieten in Israel, in welchen die Geflügelhaltung weit verbreitet ist, machten Nutztiere, hier Geflügel, rund 74 % der Goldschakal-Nahrung aus. Auch dort wird das tote Geflügel rund um die Geflügelbetriebe entsorgt, sodass die Kadaver den Goldschakalen sehr einfach zur Verfügung stehen. In beiden Gebieten wurden nur selten tatsächliche Angriffe auf Nutztiere verzeichnet (Giannatos et al. 2010, Lanszki et al. 2010).

### Gerissene Nutztiere

Es gibt Gebiete, in denen sich Goldschakal-Populationen etabliert haben und es trotz Nutztierhaltung nur sehr selten oder gar nicht zu Rissen kommt (Lanszki et al. 2015; Bošković et al. 2013; Szabó et al. 2010). In anderen Gebieten kommt es hingegen häufiger zu Rissen. Werden viele Nutztiere auf einmal gerissen, spricht man vom «surplus killing» – ein Phänomen, das auch von anderen Beutegreifern bekannt ist. Es ist darauf zurückzuführen, dass die Nutztiere nicht fliehen (können) und so der Jagdreflex beim Beutegreifer immer wieder erneut ausgelöst wird. Ob Nutztiere vom Goldschakal gerissen werden oder nicht, hängt von verschiedenen Faktoren ab:

- Verfügbarkeit von sonstiger Nahrung,
- Zugänglichkeit zu den Nutztieren und Verletzungsrisiko der Goldschakale bei der Jagd,
- Energiebedarf der Goldschakale, welcher im Jahresverlauf variiert,
- individuelles Lernverhalten der Goldschakale.

Insbesondere in Gebieten, in denen Nutztierherden ungeschützt gehalten werden, kann es zu Übergriffen kommen. Dabei werden vorwiegend kleinere Nutztiere (z. B. Geflügel) oder junge oder geschwächte Tiere größerer Nutztierarten (Schafe, Schweine, Ziegen, Rinder) angegriffen (Giannatos et al. 2005; Yom-Tov et al.

> Schafe im Goldschakal-Gebiet in Slowenien: elektrifizierte Weidezäune werden traditionellerweise zur Weideführung eingesetzt und stellen auch einen effektiven Schutz vor Beutegreifern dar.

> Damit es für Goldschakale nicht zu einfach ist, Nutztiere zu erbeuten, lohnt sich der Schutz gefährdeter Herden. Bei einem nicht elektrifizierten Zaun, wie hier abgebildet, sind stromführende Stoppdrähte zentral, damit die Beutegreifer bereits beim Versuch, den Zaun zu überwinden, ein negatives Erlebnis haben.

1995; Fanin et al. 2018; Marinov et al. 2022; Szabó et al. 2010).

Das Schadenspotenzial des Goldschakals ist abhängig von den oben genannten Faktoren. Im Vergleich zu Wölfen ist es eher gering. Wölfe sind zwar auch Allesfresser, ernähren sich aber mehrheitlich von größeren Pflanzenfressern (Peterson und Ciucci 2003). In unseren Breitengraden sind dies Wildhuftiere wie verschiedene Hirschartige, Gämsen und Rehe, es können aber auch Nutztiere dazu gehören, insbesondere in ungeschützter Situation. Goldschakale haben im Vergleich dazu ein viel breiteres Nahrungsspektrum und ernähren sich oft zu größeren Teilen von Kleinsäugern und pflanzlichem Material. Es wurde gezeigt, dass Wölfe grundsätzlich häufiger Nutztiere und tendenziell größere Nutztiere angreifen als Goldschakale (Kalandarishvili et al. 2024). Das Schadenspotenzial eines Goldschakals ist daher eher mit demjenigen eines Rotfuchses zu vergleichen. Auch diese haben ein breites Nahrungsspektrum, wobei durchaus auch mal Geflügel, Ferkel, Schafe und Ziegen auf dem Speiseplan stehen (Fleming et al. 2016; McLeod et al. 2010). Goldschakale sind den Rotfüchsen körperlich überlegen und können auch im Familienverband jagen, weshalb sie eher in der Lage sind, auch größere Nutztiere zu erbeuten. Sowohl Rotfuchs als auch Goldschakal sind opportunistische Caniden, die auch an größeren Beutetieren ausprobieren, ob ein Angriff erfolgreich sein könnte.

### Fallbeispiel: Schafe in Italien

In Italien wurden gerissene Schafe über zwei Jahre genau analysiert. Im untersuchten Gebiet in Friaul Julisch-Venetien sind Goldschakale seit den 1990er-Jahren heimisch. In den beobachteten zwei Jahren wurden in einer Herde 18 Risse verzeichnet. Die Schafe wurden in einem nicht elektrifizierten Knotengitter gehalten, welches diverse Schwachstellen (Löcher) aufwies. In der Umgebung rund um die Weide war viel Vegetation als Deckung für die Goldschakale vorhanden. Die Schafe wurden in diesem Gebiet hauptsächlich während der Dämmerung und nachts angegriffen. Die Angriffe fanden teils im Sommer und zu 70 % im Herbst statt, wenn die Verfügbarkeit anderer Nahrungsquellen schlechter wurde. Zu 61 % griffen zwei oder mehr Goldschakale zusammen an, bei den übrigen 39 % handelte es sich bei den Verursachern um Einzeltiere. Zu 61 % wurden Lämmer gerissen, bei den übrigen gerissenen Tieren handelte es sich vor allem um alte oder kranke Schafe. Die Goldschakale kehrten mehrere Nächte zu ihrer Beute zurück, allerdings wurden die Kadaver zwischenzeitlich auch von Füchsen und Wildschweinen genutzt. Nachdem der Zaun elektrifiziert worden war und keine Schwachstelle mehr aufwies, kam es in dieser Herde zu keinen Rissen mehr (Fanin et al. 2018; Hatlauf et al. 2021a).

### Fallbeispiel: Rindvieh in Israel

In einer oft zitierten Studie aus den 1990er-Jahren wurden Angriffe auf Rindvieh in den Golanhöhen in Israel untersucht. In diesem Gebiet wurde von den 5080 geborenen Kälbern 1,5–1,9 % durch Beutegreifer erbeutet, rund 70 % davon durch Goldschakale, welche in diesem Gebiet häufig vorkommen. Herdenschutzmaßnahmen waren nicht vorhanden; die Kälber wurden auf den Weiden geboren. 75,5 % der getöteten Kälber wurden innerhalb der ersten zwei Tage nach der Geburt erbeutet. Teilweise wurden sie bereits während der Geburt angegriffen, dabei wurde in einigen Fällen auch das Muttertier verletzt. Rund 13 % der getöteten Kälber wurden zwischen dem 3. und dem 11. Tag nach der Geburt getötet, die übrigen 11 % der Kälber wurden

^ Insbesondere Lämmer und geschwächte Tiere wurden von Goldschakalen angegriffen.

^ Goldschakale versuchen auch bei größeren Nutztiere ihr Glück. Gesunde Esel sind wehrhaft und können sich gegen Goldschakale zur Wehr setzen. Goldschakale können aber ausdauernd testen und bemerken, welche Tiere geschwächt und somit angreifbar sind.

zwischen dem 12. und dem 30. Tag nach der Geburt erbeutet. Die Zahlen sind allerdings mit Vorsicht zu genießen, denn einerseits konnte bei einigen Fällen nicht restlos geklärt werden, ob tatsächlich die Goldschakale für den Tot des Kalbes verantwortlich waren, und andererseits ist nicht geklärt, ob alle toten Kälber aufgefunden und untersucht wurden. Es handelt sich bei den oben erwähnten Zahlen daher eher um Schätzungen. Zudem wurden in einer späteren genetischen Studie Hinweise darauf gefunden, dass in Israel bei den Goldschakalen eine Vermischung mit anderen Hundeartigen, wie dem Grauwolf, dem afrikanischen Goldwolf oder mit Haushunden stattgefunden hat (Koepfli et al. 2015). Die Resultate dieser Studie können aufgrund unsicherer Einflussfaktoren daher nicht verallgemeinert werden. Die Studie zeigt aber, dass Kälber vor allem während der ersten Tage nach der Geburt durch Goldschakale oder andere Caniden gefährdet sein können (Yom-Tov et al. 1995).

### Fallbeispiel: Esel in Italien

Zwischen 2017 und 2021 wurden im italienischen Karstland, in einem Gebiet, welches von mehreren Goldschakalrudeln besiedelt ist, sechs Esel mit Bissverletzungen im Dammbereich gemeldet. Von den Eseln überlebten vier; zwei starben. Die Tiere wurden genau untersucht und installierte Fotofallen konnten Goldschakale beim Versuch, die Esel anzugreifen, filmen. Die Esel, welche zwar verletzt wurden, aber überlebten, waren alle in guter körperlicher Verfassung. Die beiden Esel, welche getötet wurden, waren bereits vor dem Angriff in schlechtem gesundheitlichem Zustand. Solche Vorfälle sind zwar selten, zeigen aber, dass Schakale auch große Beutetiere angreifen können. Sie zeigen vor allem auch das für Caniden typische Verhalten des Ausprobierens: Die Schakale versuchten über einen längeren Zeitraum liegende Esel von hinten anzugreifen. Durch dieses Austesten sammeln sie Erfahrung und lernen. Da Esel sehr wehrhaft sein können, konnten die Goldschakale lediglich die geschwächten Tiere töten. Schutzzäune waren nicht vorhanden, wodurch sich die einfache Gelegenheit zum Ausprobieren ergab (Pesaro et al. 2022).

Die obigen Fallbeispiele zeigen, dass der Goldschakal durchaus Nutztiere reißen kann. Auch im deutschsprachigen Raum wurden in den letzten Jahren Risse durch Goldschakale verzeichnet. In Österreich wurden zwischen 2019 und 2024 46 Stück Kleinvieh (in der Regel junge Schafe oder Ziegen) durch Goldschakale gerissen. Eher als Ausnahme zu werten sind vier adulte Damhirsche (sowohl weibliche als auch männliche Tiere), welche 2022 in einem Gehege durch einen Goldschakal getötet wurden (https://baer-wolf-luchs.at/monitoring/risszahlen, Stand Oktober 2024).

In Deutschland wurden 2017 das erste Mal nachweislich drei Schafe von einem Goldschakal angegriffen und verletzt. Seither kam es vereinzelt zu Übergriffen. 15 Schafe, davon fünf Lämmer, wurden nachweislich durch Goldschakale getötet, jeweils ein bis drei Tiere pro Fall. Zudem wurde in einem Fall ein Schaf nachweislich durch einen Goldschakal verletzt. An einem toten Schaf sowie an zwei Rinderkälbern wurde DNA des Goldschakals nachgewiesen, diese Nutztiere wurde jedoch nicht vom Goldschakal getötet, sondern lediglich nachgenutzt, da sie bereits vorher tot waren (FVA-Wildtierinstitut/F. Böcker 2025, unveröffentlicht). Im Mai 2025 setzte sich ein weiteres Ereignis von dieser bisherigen Statistik ab, als ein Goldschakal auf der Insel Sylt in drei aufeinanderfolgenden Nächten offenbar über 70 Lämmer riss (s. auch Kap. 4.1 - Deutschland).

In der Schweiz fiel bisher ein Schaf dem Goldschakal zum Opfer. Außerdem wurden rund 30 Hühner aufgrund des Verdachtes einer Prädation durch Goldschakal entschädigt (Amt für Jagd und Fischerei Graubünden 2017& 2019).

In allen drei Ländern ist nicht viel bezüglich vorhandenem oder nicht vorhandenem Herdenschutz in den jeweiligen Fällen bekannt.

### Schutz der Nutztiere

Goldschakale bevorzugen einfach verfügbare Nahrung, bei welcher die Beschaffung kein großes Risiko mit sich bringt. Beim Herdenschutz geht es darum, den Angriff auf Nutztiere möglichst zu erschweren. Eine im Feld umsetzbare Maßnahme, welche mit absoluter Sicherheit wirkt, gibt es nicht. Jedoch kann das Risiko für Angriffe deutlich minimiert werden, indem die Zugänglichkeit zu den Nutztieren erschwert wird. Bezüglich Herdenschutz und Goldschakal gibt es nur wenig verfügbare Daten. Viel Wissen beruht auf Anekdoten, wissenschaftliche Grundlagen fehlen. Verschiedene Herdenschutzmaßnahmen wurden hingegen zum Schutz von Nutztieren gegenüber wilden Caniden wie Wölfen, Kojoten, Füchsen und Dingos erprobt. Welche dieser Maßnahmen auch bei Goldschakal-Präsenz wirksam sind, kann situativ unterschiedlich sein. Je nach Weiden, Nutztierart, Gelände oder Vegetation sind sie besser oder weniger gut geeignet. Zudem benötigt der Einsatz von Herdenschutzmaßnahmen je nach Situation mehr oder weniger Aufwand. Dieser muss durch menschliche Hand erfolgen und somit zumutbar sein. Die Voraussetzung für effektive Herdenschutzmaßnahmen ist deren korrekte Umsetzung im Feld. Eine gesellschaftliche und politische Akzeptanz von Herdenschutzmaßnahmen ist zentral. Dies wiederum hängt mit einer guten wissenschaftlichen Vorarbeit und überzeugender Öffentlichkeitsarbeit zusammen. Welche Herdenschutzmaßnahmen sich in unseren Breitengraden bezüglich dem Goldschakal eignen und etablieren werden, wird sich erst noch im Feld zeigen müssen. Im Folgenden werden unterschiedliche Möglichkeiten und Erfahrungen erläutert:

#### *Zäune*

Zäune werden in der Nutztierhaltung oftmals aus traditionellen Gründen, also ganz ohne Bezug zum Herdenschutz, zur Führung der Herdentiere, eingesetzt. Die gilt besonders für kleinere Weidetiere wie Geflügel, Schafe und Ziegen. Insbesondere im dicht besiedelten Flachland ist es in der Regel bereits aus Gründen der Sicherheit notwendig, die Weidetiere zusammen zu halten, sodass sie beispielsweise nicht auf Straßen gelangen können. Zäune können aber zusätzlich auch einen effektiven Schutz gegenüber Beutegreifern darstellen. Dabei gilt es folgende Punkte zu beachten (Bruns et al. 2020; Oliveira et al. 2021; Mettler 2019; Lüthi et al. 2017, Mettler und Schiess 2020):

- Wilde Caniden, und damit auch Goldschakale, versuchen gerne und ausdauernd, Hindernisse zu überwinden. Herdenschutzzäune müssen deshalb durchgängig elektrifiziert sein, sodass es für den Beutegreifer zu einem negativen Erlebnis kommt, sollte er versuchen, den Zaun zu queren. Ist bereits ein nicht elektrifizierter Zaun im Einsatz (bspw. ein Knotengitter), so kann dieser mit min destens zwei stromführenden Drähten auf der Außenseite der Weide verstärkt werden, damit der Goldschakal diesen nicht untergraben oder überklettern kann.
- Durch das ausdauernde Erkunden des Zaunes werden Schwachstellen rasch gefunden.

Die Nutztiere müssen daher vollumfänglich eingezäunt werden. Nicht elektrifizierte Tore, Löcher im Zaun und durchhängende Zaunabschnitte werden rasch gefunden und genutzt. Der Zaun muss deshalb regelmäßig unterhalten und Schwachstellen müssen zeitnah repariert werden.

— Hundeartige versuchen meist zuerst unter dem Zaun durchzuschlüpfen. Weil sie auch gut graben können, ist der vollumfängliche Bodenabschluss des Zaunes deshalb zentral. Für Wölfe wird ein maximaler Abstand zwischen dem Zaun und dem Boden von maximal 20 cm empfohlen. Da der Goldschakal deutlich kleiner ist, wird dies bei ihm vermutlich nicht immer ausreichen. Es ist davon auszugehen, dass ein Abstand von maximal 10–15 cm nötig ist.
— Zäune ohne Strom können vom Goldschakal überklettert werden. Deshalb ist der Einsatz von Strom zentral. Bei einem elektrifizierten Zaun ist es nicht wichtig, dass der Zaun möglichst hoch ist. Vermutlich reicht eine Höhe von 90–120 cm, welche üblicherweise bereits für die Weideführung eingesetzt wird. Der Großteil der Caniden springt nicht einfach über einen Zaun. Dies machen meist nur Individuen, welche das vorher ohne negatives Erlebnis erlernen konnten. So beispielsweise an stark durchhängenden Zäunen. Aus diesem Grund sollten eingesetzte Zäune stets gut gespannt sein.
— Die Nutztiere sollten nicht zu eng eingezäunt werden. Schleichen Goldschakale länger um den Zaun herum, kann dies die Nutztierherde nervös machen und zu einer Panikreaktion führen. In solchen Situationen kommt es vor, dass die Nutztiere den Zaun umreißen, was dem Beutegreifer den Einstieg und die Jagd erleichtert.
— Aufgrund der Weidegrößen, der Topografie und der Beschaffenheit des Bodens ist es nicht immer möglich, vollumfängliche Herdenschutzzäune aufzustellen. Hier kann es sich lohnen, die Tiere lediglich nachts oder bei nebligem Wetter in einer Nachtweide einzuzäunen und sie tagsüber, bei einigermaßen guten Wetterbedingungen, wenn das Risiko für einen Angriff geringer ist, frei laufen zu lassen. Dies bedingt aber die Anwesenheit von Hirtenpersonal. Wenn immer nachts eine Einstallung der Tiere möglich ist, ist dies natürlich auch eine gute Variante, die Nutztiere zu schützen.

< Weidenetze stellen eine gute Möglichkeit dar, Nutztiere wie Schafe und Ziegen vor Goldschakalen zu schützen. Wichtig dabei ist, dass sie stets gut gespannt und elektrifiziert sind.

< Auch Litzen- oder Drahtzäune können zu Herdenschutzzwecken eingesetzt werden. Es sollten mindestens vier, besser noch fünf elektrifizierte Drähte eingesetzt werden. Der unterste Draht sollte maximal 10-15 cm ab Boden sein. Dies bedingt ein häufiges Ausmähen, da aufwachsende Vegetation den Strom ableiten kann. Der Unterhalt kann somit je nach Lage, Größe und Topografie der Weide aufwendig werden.

< Goldschakale finden gerne die Schwachstelle des Zaunes und schlüpfen, wo möglich, unten durch.

## Sichtbarkeit von Zäunen

Eine gute Sichtbarkeit von Zäunen ist im Feld sehr wichtig. Einerseits erhöht dies die Barrierewirkung für Wildtiere, andererseits wird durch eine gute Sichtbarkeit das Risiko, dass sich ein Wildtier im Zaun verfängt, deutlich vermindert. Auch die Farbe des Zaunes spielt eine wichtige Rolle. Viele Säugetiere, so auch Caniden, können mit großer Wahrscheinlichkeit rot und grün nicht voneinander unterscheiden, da die entsprechenden Farbrezeptoren im Auge nicht vorhanden sind. Ein oranger Weidezaun, wie er traditionellerweise oft genutzt wird, ist deshalb vor grünem Hintergrund für sie nur schwer zu erkennen. Viel besser sichtbar sind daher Kontrastfarben wie Gelb-Schwarz oder Blau-Weiß. Früher wurden die orangen Weidenetze vor allem eingesetzt, da sie dem Menschen als Warnfarbe dienen. Inzwischen werden glücklicherweise immer mehr preiswerte, kontrastreiche Zäune auf dem Markt angeboten und eingesetzt. An wildsensiblen Stellen, zum Beispiel bei bekannten Wildwechseln oder, wenn der Druck von Beutegreifern stark ist, kann der Zaun mit Flatterband ergänzt werden (Neitz et al. 1989; Mettler 2019, Mettler und Schiess 2020).

^ Ein Flatterband macht den Zaun besser sichtbar; das Flattern der Bänder im Wind dient als zusätzliche Abschreckung.

^ Aufgrund einer Rot-Grün-Sehschwäche vieler Wildtiere ist ein blau weißes Netz deutlich besser sichtbar als ein oranges. Hier ist also das linke Weidenetz zu empfehlen.

^ Zäune sollten grundsätzlich stets gut sichtbar, frei von Vegetation und gut unterhalten sein. Ansonsten birgt ein Zaun für viele Wildtiere das Risiko, sich im Zaun zu verheddern und zu verenden.

## Schutz von Rindvieh

Ausgewachsene Rinder bei guter Gesundheit sind keine Beutetiere des Goldschakals. Frisch geborene Tiere können allerdings durchaus gerissen werden. Rindvieh wird in der Regel zur Weideführung mit Zäunen eingezäunt, welche eine geringe Barrierewirkung haben. Es wird empfohlen, dass zumindest die Kälber und die Muttertiere während der Abkalbung und in den ersten Wochen innerhalb einer Abkalbeweide gehalten werden. Mit der Abkalbeweide soll verhindert werden, dass sich Muttertier und Kalb zu weit voneinander entfernen, sodass die wehrhafte Mutter das Kalb im Falle eines Angriffs schützen kann. Im besten Fall ist diese Abkalbeweide vollumfänglich mit Herdenschutzzaun eingezäunt, sodass Beutegreifer gar nicht erst in die Weide eindringen können (Mettler und Schiess 2021).

^ Mittels Zaun soll verhindert werden, dass sich Muttertiere und Kälber zu weit voneinander entfernen. Ungefähr zwei Wochen nach der Geburt des Kalbes verringert sich das Risiko für einen Angriff durch einen Beutegreifer deutlich.

> Herdenschutzhund in Slowenien.

### Herdenschutzhunde

Herdenschutzhunde werden vielerorts seit Jahrtausenden zum Schutz von Nutztieren vor Beutegreifern und vor Diebstahl eingesetzt. Der Schutzinstinkt ist den Herdenschutz-Hunderassen, von denen es weltweit über 40 gibt, angeboren. Dazu benötigt es kein besonderes Training. Sie verteidigen ihre Herde selbstständig. Herdenschutzhunde werden bereits in der Nutztierherde geboren, sodass sie sich von Beginn an zur Herde zugehörig fühlen. Wichtig ist in unseren Breitengraden zudem, dass Herdenschutzhunde von jung auf nicht nur mit Nutztieren, sondern auch mit Menschen sozialisiert werden, sodass sie Menschen nicht als Gefahr sehen und diese bei unauffälligem Verhalten in der Nähe ihrer Herde dulden.

Alleine schon die Präsenz von Herdenschutzhunden ist für Beutegreifer abschreckend. Einen unnötigen Kampf mit Verletzungsrisiko wird kein wilder Canide eingehen. Doch ist der Druck der Beutegreifer auf eine Nutztierherde groß, können Herdenschutzhunde ihre Herde vehement verteidigen.

Für einen optimalen Schutz durch Hunde sollte die Herde nicht zu weit über das Gelände verteilt sein. Aus Tierschutzgründen werden mindestens zwei Herdenschutzhunde pro Herde eingesetzt. Handelt es sich um eine große Nutztierherde oder ist eine starke Beutegreifer-Präsenz vorhanden, können auch mehr Hunde eingesetzt und so die Schutzwirkung verstärkt werden. Herdenschutzhunde sind eine sehr effektive Herdenschutzmaßnahme. Allerdings ist der Zusatzaufwand, welcher mit Herdenschutzhunden einhergeht, nicht zu unterschätzen. Die Hunde müssen regelmäßig gefüttert werden und die Besitzerinnen und Besitzer sollten sich regelmäßig und motiviert mit den Hunden beschäftigen. Der Einsatz von Herdenschutzhunden kann zudem in touristischen Gebieten eine Herausforderung sein, da sie ihre Herde auch gegenüber Personen mit Mountainbike, Begleithund, wandernden Personen und anderen

verteidigen, und die Haltung in den Wintermonaten im Talgebiet können eine Herausforderung darstellen. Sind nur Goldschakale als Beutegreifer im Gebiet vorhanden, empfiehlt sich der Einsatz von Herdenschutzhunden daher nur, wenn eine hohe Goldschakaldichte vorhanden ist und übrige Herdenschutzmaßnahmen nicht umsetzbar sind (Szabó et al. 2010; Vogt et al. 2022; Bruns et al. 2020; Oliveira et al. 2021; Rigg 2001; Miller et al. 2016; Gehring et al. 2010).

### Lamas für den Herdenschutz

Lamas werden in den USA seit den 1980er-Jahren und seit vielen Jahren auch in Australien erfolgreich zum Schutz von Schafherden gegenüber streunenden Hunden, Dingos und Kojoten genutzt. Sie weisen eine natürliche Abneigung gegenüber Beutegreifern auf. Werden sie korrekt in eine Schaf- oder auch Ziegenherde integriert, bauen die Lamas eine soziale Bindung zu ihrer Herde auf und verteidigen diese aktiv, indem sie Angreifer wegdrängen, ausschlagen, schreien, spucken und beißen.

Wilde Caniden, wie der Goldschakal, sind es gewohnt, dass ihre Beutetiere fliehen. Nähern sie sich nun einer Herde und es kommt ihnen ein Lama entgegen, kann alleine diese Tatsache eine abschreckende Wirkung haben. Hinzu kommen die Größe und das wehrhafte Verhalten der Lamas. Wenn es nicht nötig ist, gehen Caniden in der Regel keine unnötigen Risiken ein und lassen es nicht auf Situationen ankommen, bei denen sie sich verletzen können. Lamas können deshalb gut auch als Vergrämungsmaßnahme eingesetzt werden. Der große Vorteil vom Einsatz der Lamas ist, dass sie gemeinsam mit dem Kleinvieh gehalten werden können und dasselbe fressen. Sie sind sehr robust und werden bis zu 20 Jahre alt. Zudem stellen sie auch in touristischen Gebieten kein Problem dar, da sie die Herde nicht gegenüber Menschen verteidigen, viel eher gelten sie beim Menschen als Sympathieträger. Allerdings eignet sich nicht jedes Lama für den Herdenschutz. Lamas haben verschiedene Charaktere und vor dem Einsatz sollte mithilfe von Begleithunden getestet werden, welches Lama sich für den Schutz von Nutztieren eignet.

Es ist nicht ausgeschlossen, dass in Einzelfällen auch Lamas von Goldschakalen oder anderen Caniden angegriffen werden. Wie in den zuvor genannten Beispielen erläutert, ist es möglich, dass Goldschakale testen, welche Erfolgschancen sie hier haben können. Daher ist nebst dem richtig ausgewählten Charakter stets auf die gute Gesundheit von Herdenschutztieren zu achten. Zudem sollte aus Tierschutzgründen mindestens zwei Lamas zusammengehalten werden, jedoch sollten auch nicht mehr als zwei Lamas in eine Herde integriert werden, da sonst die Gefahr besteht, dass sie eine eigene Lamagruppe bilden und die übrigen Nutztiere nicht mehr beschützen. Deshalb eignen sich Lamas vorwiegend für den Schutz von kleineren Herden.

Die Schutzwirkung von Lamas gegenüber Wölfen und Goldschakalen ist bisher nicht wissenschaftlich erprobt. Dennoch halten auch im deutschsprachigen Raum seit rund 15 Jahren einige Betriebe erfolgreich Lamas zum Schutz vor Fuchs, Luchs und Wolf. Ideal ist die Kombination von Zaun und Lamas. Insbesondere dort, wo der Zaun nicht ohne Schwachstellen

< Herdenschutzhunde bewachen ihre Herde selbstständig, rund um die Uhr und bei jedem Wetter.

< Lamas sind sehr wachsame Tiere und behalten stets den Überblick.

> Nächste Doppelseite: Behirtung ist oftmals die Voraussetzung für die Umsetzung von Herdenschutzmaßnahmen.

erstellt werden kann, sind Lamas eine ideale Ergänzung (Derron-Hilfiker und Mettler 2022, Franklin und Powell 2006, Giudicelli und Giudicelli 2013, Jenkins et al. 2003, Meadows und Knowlton 2000, Markham et al. 1995).

### *Vergrämung*

Bei der Vergrämung geht es darum, die Beutegreifer von der Herde zu vertreiben. Mittels ungewohntem Lärm (akustische Vergrämung) oder Blitzlichtern (optische Vergrämung) werden sie abgeschreckt. Dafür gibt es unterschiedliche Geräte auf dem Markt. Sie können auch als Verstärkung von Zäunen eingesetzt werden. Kurzfristig können solche Geräte Herden schützen, denn Goldschakale und andere Hundeartige sind Unbekanntem gegenüber sehr skeptisch und gehen kein unnötiges Risiko ein. Jedoch sind sie auch sehr lernfähig und probieren aus. Treffen sie mehrere Nächte auf dasselbe Geräusch oder dasselbe Licht, lernen sie mit der Zeit, dass davon keine Gefahr ausgeht. Einige dieser Geräte sind daher mit einem Bewegungssensor ausgestattet, sodass sie nur aktiviert werden, wenn sich etwas in ihrer Nähe bewegt. Dies spart Batterien und verlangsamt den Gewöhnungseffekt, doch auch bei diesen Geräten handelt es sich um keine langfristige Schutzmaßnahme (Miller et al. 2016, Darrow und Shivik 2009).

### *Behirtung*

Hirtinnen und Hirten kontrollieren die Nutztiere, sie bringen sie an die richtigen Fressplätze und abends wieder zu ihrem Schafplatz. Sie können kranke oder verletzte Tiere behandeln, halten die Herde zusammen, erstellen Zäune, wo nötig, füttern Herdenschutzhunde und tragen mit ihrer Arbeit zur nachhaltigen Bewirtschaftung der Weiden bei. Die Behirtung einer Herde, insbesondere auf alpinen Sommerweiden, ist oftmals die Voraussetzung für die Umsetzung eines effektiven Herdenschutzes. Die Herde wird dabei durch die Hirtin oder den Hirten regelmäßig kontrolliert und zusammengehalten. Kommt es zu Angriffen durch Beutegreifer, kann so schneller reagiert werden und die Wahrscheinlichkeit, dass einzelne Nutztiere abseits von der Herde oder geschwächte Tiere ohne Schutz unterwegs sind, wird verringert. Die Tiere können in Nachtweiden gebracht werden, Zäune können regelmäßig kontrolliert und Schwachstellen repariert werden.

Die Behirtung an und für sich stellt jedoch keine Herdenschutzmaßnahme dar. Aber bereits die Präsenz von Menschen beeindruckt einen großen Teil der Beutegreifer in ausreichendem Maße, um sie auf Distanz zu halten. Allerdings muss eine Herde rund um die Uhr und von allen Seiten bewacht werden, um eine stetige Schutzwirkung zu erreichen. Dies ist einzelnem Hirtenpersonal nicht zuzumuten, da bei dieser kräftezehrenden Arbeit Pausen unabdingbar sind.

## Rissbild des Goldschakals

Das Rissbild von Goldschakalen kann stark variieren. Es ähnelt demjenigen anderer Caniden und kann mit Rissbildern von Füchsen, Haushunden und Wölfen verwechselt werden. Grundsätzlich ist es mit dem Rissbild eines Fuchses vergleichbar, allerdings beißt ein Fuchs in der Regel häufiger zu. Diverse Bissspuren an der Flanke, am Bauch, am Rücken oder an den Beinen sowie ein Tötungsbiss am Hals sind beim Fuchsriss häufig. Wobei bei kleinerer Beute, wie zum Beispiel bei einem jungen Lamm, auch nur ein einzelner Kehlbiss vorhanden sein kann. Im Unterschied zum Fuchs ist der Goldschakal aber nicht dafür bekannt, den Kopf oder andere Teile der Beute wegzutragen. Goldschakale beginnen in der Regel im Bereich der Bauchhöhle zu fressen und lassen, wenn sie genügend Zeit haben, nur das Fell, den Kopf und größere Knochen ihrer Beute zurück. Um den Einfluss eines Goldschakals an einem Riss zu bestimmen, sind genetische Analysen oder Wildtierkameras notwendig. Der Goldschakal als Verursacher des Risses kann nur bestätigt werden, wenn eine genetische Analyse einer Speichelprobe, welche am Tötungsbiss am Hals des Beutetieres genommen wird, den Goldschakal bestätigt. Zudem muss um den Biss ein Hämatom zu finden sein, nur dies zeigt, dass das Beutetier zum Zeitpunkt des Bisses noch gelebt hat. Der Abstand der Eckzähne eines Goldschakals liegt zwischen 23 und 30 mm, ist also etwas größer als beim Rotfuchs (19 bis 28 mm) (Hatlauf und Böcker 2021; Molinari et al. 2022; Černe et al. 2019).

^ Von einem Goldschakal genutzter Schafkadaver.

## Andrej Kovac – Nutztierhalter aus Italien

Andrej Kovac wurde 1972 in Gorizia (Görz, eine Stadt im Nordosten Italiens in der Region Friaul-Julisch Venetien) geboren. Er ist Präsident eines Netzwerks von sechs Unternehmen, die sich der Wiederherstellung der Karstheide widmen und gemeinsam mehr als 1000 Hektar bewirtschaften.

**Was bewirtschaftest du für einen Betrieb?**
Auf unserem ökologischen Landwirtschaftsbetrieb konzentrieren wir uns auf die Viehzucht, arbeiten aber auch an der Erhaltung der natürlichen Böden in Zusammenarbeit mit dem Regionalbüro, um die biologische Vielfalt zu erhalten.
Wir halten hauptsächlich Esel, Rinder und Schafe. Wir sind auch im Weinbau und im Gartenbau/ in der Hortikultur tätig, insbesondere in der Produktion von Safran. Die Tiere werden größtenteils im freien Weidegang gehalten, und die Weiden sind hauptsächlich mit Karstheide bedeckt, der typischen Vegetation der italienischen und slowenischen Karstküstengebiete, die seit der Bronzezeit durch menschliche Aktivitäten entstanden sind. Eines der Ziele der Beweidung ist es, diese Lebensräume vor der Verbuschung zu bewahren, was folglich den Verlust von Lebensräumen verhindert. Die Tiere werden von März bis November auf offenen Weiden gehalten. In den kälteren Monaten werden sie in geschützteren Bereichen untergebracht und mit Futter versorgt, das vollständig in der Region gesammelt wird.

**Was heißt es, in einem Goldschakalgebiet zu leben?**
Das Leben mit den Goldschakalen stellte in den ersten Jahren eine erhebliche Herausforderung dar. Es war eine neue Art, mit der wir nicht vertraut waren, und wir wussten nicht, wie wir uns verhalten und unsere Tiere schützen sollten. Im Laufe der Zeit und nach dem Verlust mehrerer Nutztiere verstanden wir, dass es entscheidend war, unsere Nutztiere regelmäßig gesundheitlich zu überprüfen, da die Schakale hauptsächlich Tiere in schlechtem Zustand angreifen. Esel und Rinder, einschließlich Kälber, die von ihren Müttern geschützt werden, werden nicht angegriffen, wenn sie gesund sind. Wenn sie krank sind und Probleme wie Lahmheit oder Fieber haben,

## Andrej Kovac

fallen sie den Schakalen leicht zum Opfer. Die Schakale jagen in Rudeln und können auch große Tiere erlegen. Die Beute wird dadurch erlegt, indem es von der Herde getrennt wird, bis es erschöpft ist. Sobald es am Boden liegt, wird es getötet.

**Und wie sieht es mit der Haltung von Kleinvieh aus?**

Die Haltung von Schafen und Ziegen ist aufgrund der Goldschakale schwieriger geworden, da sich die Schakale vor allem auf Kleinvieh konzentrieren. Unser Betrieb hatte 110 Schafe, aber trotz aller Vorsichtsmaßnahmen haben wir in einem Jahr 60 Tiere verloren.

**Werden einzelne oder mehrere Tiere bei einem Angriff getötet?**

Im Laufe der Jahre haben wir mehrere Angriffe durch Goldschakale erlebt, insbesondere auf Schafe und Esel. Im Gegensatz zu Wölfen töten Schakale in der Regel nur ein Tier, während Wölfe mehrere auf einmal töten können. Bei zwei Rissereignissen wurden jedoch je vier Schafe gleichzeitig durch Schakale getötet. Während der Lammzeit kommt es am häufigsten zum Angriff auf einzelne Nutztiere. Angriffe auf mehrere Nutztiere gleichzeitig treten hauptsächlich zwischen Oktober und November auf. Typischerweise töten Schakale ihre Beute mit einem Kehlbiss. Anschließend entfernen sie den Pansen und die Eingeweide, nutzen die nahrhaftesten inneren Organe (Herz, Lunge und Leber) und konzentrieren sich in den folgenden Tagen auf die Muskeln. Wir befürchten, dass sich die Schakalpopulation weiter ausbreiten wird. In unserem Gebiet gibt es etwa fünf Schakalrudel. Sie befinden sich hauptsächlich in der Nähe des Naturreservats des Doberdò-Sees.
Wir mussten die Haltung von Schafen und Ziegen im freien Weidegang aufgeben und sind auf Rinder und Pferde umgestiegen. Der Schakal hat uns dazu gedrängt, mehr auf das Wohlbefinden und die Gesundheit der Tiere auf der Weide zu achten. Wenn ein Tier krank ist, wird es sofort von der restlichen Herde isoliert und in einen geschützten Stall gebracht. Dort ist es sicher, bis es sich erholt, und so wird verhindert, dass auch der Rest der Herde von den Schakalen angegriffen wird. Wenn das Tier sich erholt, wird es wieder in die Herde eingegliedert.

**Welche Herdenschutzmaßnahmen werden eingesetzt?**

Wir haben beschlossen, ausschließlich elektrische Zäune zu verwenden, da Herdenschutzhunde verschiedene Probleme für Touristen und andere Personen in der Umgebung darstellen. Der Herdenschutzhund unterscheidet nicht zwischen Schakalen und Haushunden, sodass das Risiko aufgrund der vielen Familien, die durch die Weiden spazieren, sehr hoch ist. Bei den Zäunen sind vier elektrifizierte Litzen (die unterste auf circa 20 cm) effizient, um Goldschakale von der Herde fernzuhalten. Jedoch ist wichtig, dass es keine Lücken im Zaun gibt – es kam schon einige Male vor, dass die Schakale im unebenen Gelände eine Schwachstelle im Zaun fanden und nutzen konnten.

**Werden durch Goldschakal gerissene Nutztiere entschädigt? Falls ja, welche Regeln gelten?**

In Friaul-Julisch Venetien wurde der Schakal in ein Gesetz, welches die Entschädigung von Rissen durch große Beutegreifer regelt, aufgenommen. Dies stellt den Goldschakal gleich mit Wölfen, Bären und Luchsen. Die durch Goldschakale verursachten Nutztierrisse werden nun vollständig entschädigt. Der Antrag muss innerhalb von drei Tagen nach dem Angriff bei der zuständigen regionalen Behörde eingereicht werden. Das Forstpersonal, welches ebenfalls bezüglich Wildtieren ausgebildet ist, kommt vorbei, bestätigt den Riss und genehmigt die Entschädigung.

## Matija Stergar – Leiter des Wildtiermanagements im slowenischen Forstdienst

**Was ist dein Beruf und wie bist du dazu gekommen?**
Ich bin Leiter der Abteilung für Wildtiermanagement beim slowenischen Forstdienst (SFS). Der Kern unserer Arbeit besteht darin, Wildtiermanagementpläne zu erstellen (d. h. strategische 10-Jahres-Pläne und operative 2-Jahres-Pläne für 15 Wildtiermanagementeinheiten in Slowenien) und fachliche Stellungnahmen (für das zuständige Ministerium) zu Wildtiermanagementmaßnahmen vorzubereiten. Meine vorherigen Tätigkeiten umfassten Forschungsarbeiten an der Biotechnischen Fakultät der Universität Ljubliana (zur Wildtierökologie und -management) und später Projektarbeiten, ebenfalls im Bereich Wildtiermanagement beim SFS. In der Zwischenzeit habe ich meine Promotion abgeschlossen. Ich habe mich auf die aktuelle Stelle beworben, weil ich meine wissenschaftlichen Erfahrungen praktisch nutzen wollte.

**Was ist deine Meinung zum Goldschakal?**
Aus wissenschaftlicher, jagdlicher und kultureller Sicht ist der Goldschakal eine sehr interessante Tierart, insbesondere, wenn er in neuen Umgebungen vorkommt oder sich dort ausbreitet. Gleichzeitig stellt er aus Sicht des Managements eine große Herausforderung dar, aufgrund der raschen räumlichen Ausbreitung, der zunehmenden Populationsdichte und aufgrund des steigenden Einflusses auf die Umwelt – d. h. Schäden an Nutztieren und Prädation anderer Wildtierarten. Dabei scheint das Rehwild am meisten betroffen. Wir beobachten einen Rückgang des Rehwildes und der Rehkitze in Gebieten mit hohen Schakal-Dichten, allerdings gibt es noch keine handfesten Daten dafür. Übertrieben ausgedrückt heißt das: Von den ersten Vorkommen über die Ausbreitung der Schakal-Population verschiebt sich die allgemeine Wahrnehmung oder kulturelle Einstellung gegenüber dieser Art von einer interessanten neuen Art hin zu einer «Belästigung».

## Matija Stergar

**Welche Nutztiere sind von Goldschakalen betroffen? Wie viele Rissereignisse durch Goldschakale gab es in Slowenien pro Jahr oder in den letzten Jahren?**
In der nachstehenden Tabelle ist die jährliche Anzahl der Schadensereignisse durch Goldschakale für die letzten 10 Jahre (2014–2023) aufgeführt. Die Risse werden durch Fachpersonen des SFS vor Ort beurteilt; dabei wird auch beurteilt, ob die Verletzungen vor oder nach dem Eintreten des Todes entstanden sind. Bestehen bezüglich dem Verursacher des Risses Zweifel, so werden anhand von Speichelproben, welche am Biss genommen werden, genetische Untersuchungen durchgeführt. Es ist ersichtlich, dass die Anzahl der Schadensfälle um mehr als das 10-fache gestiegen ist. 85 % der gemeldeten Schäden betreffen Schafe und Ziegen, 9 % Rinder (neugeborene Kälber), 3 % Geflügel und 2 % andere Nutz- oder Haustiere.

| Jahr | Anzahl Rissereignisse* |
|---|---|
| 2014 | 12 |
| 2015 | 16 |
| 2016 | 32 |
| 2017 | 49 |
| 2018 | 73 |
| 2019 | 104 |
| 2020 | 159 |
| 2021 | 176 |
| 2022 | 161 |
| 2023 | 313 |

*Zur Einordnung dieser Zahlen einige Informationen zu Slowenien: Slowenien hat eine Fläche von 20'271 km² und 2023 wurden 140'000 Schafe und Ziegen und 460'000 Rinder gehalten.

^ Tabelle oben: Anzahl Rissereignisse durch Goldschakale in Slowenien pro Jahr zwischen 2014 und 2023:

**Wie werden Nutztiere in Slowenien gehalten? Hat sich dies geändert, seit es Goldschakale gibt?**
Die meisten Nutztiere (> 90 %) werden mit Elektro- oder mechanischen Zäunen eingezäunt. Die Zäune dienen primär der Weideführung und nicht der Abwehr von Beutegreifern. In einigen Fällen werden auch Hirten und Herdenschutzhunde eingesetzt oder die Nutztiere werden im freien Weidegang gehalten (dies in der Regel im alpinen Gebiet). Wir haben keine offensichtlichen Änderungen der Nutztierhaltung aufgrund des Auftretens und der Ausbreitung von Schakalen beobachtet.

**Welche Herdenschutzmaßnahmen werden eingesetzt, um Schäden durch Goldschakale an Nutztieren zu verhindern? Bewähren sich diese? Und was ist bei der Anwendung dieser Maßnahmen zu beachten?**
Bislang gibt es in Slowenien keine speziellen Anpassungen der Schutzmaßnahmen zur Verhinderung von Goldschakal-Schäden. In den Gebieten, in denen andere große Beutegreifer (Wolf, Bär, Luchs) vorkommen, werden hauptsächlich elektrische Weidenetze (normalerweise 140 cm hoch) und Herdenschutzhunde eingesetzt. Diese Maßnahmen halten die großen Beutegreifer, wie auch die Goldschakale, von Rissen ab. Im Bären- und Wolfsgebiet gibt es aber sowieso nur wenige oder keine Schakale. Dort, wo es viele Schakale gibt, hat es wenige andere große Beutegreifer, weshalb die Herden weniger gut eingezäunt sind. In den Fällen, in denen Schakale Nutztiere erbeuten, waren diese nicht sehr gut geschützt. Entweder mit nicht elektrifizierten Zäunen oder mit elektrifizierten Litzen (3–5 Litzen). Diese Zäune halten zwar die Nutztiere zusammen, wirken aber nicht gegen Schakale.

## Matija Stergar

In jedem Fall ist es wichtig, die Elektrozäune ordnungsgemäß zu installieren und konsequent zu warten (Schneiden der Vegetation, Aufrechterhaltung der Spannung usw.).

**Wie ist die Stimmung unter den Landwirten gegenüber Goldschakalen?**
Die Haltung der Landwirte (und der Landbevölkerung im Allgemeinen) gegenüber Schakalen ist überwiegend negativ. Er wird als Plage betrachtet. Viele halten den Goldschakal für eine gebietsfremde Art, da er vor nicht allzu langer Zeit noch nicht in Slowenien vorkam.

**Gibt es auch Schäden in landwirtschaftlichen Kulturen? Was wird dagegen getan?**
In Slowenien gibt es keine Nachweise von Schäden an landwirtschaftlichen Kulturen, die durch Schakale verursacht wurden. Nach dem geltenden Gesetz werden Schäden durch Schakale vom Staat entschädigt (sofern das Eigentum «angemessen» geschützt wurde).

**Was erwartest du für die Zukunft des Goldschakals und der Landwirte in Slowenien in Bezug auf die Landwirtschaft?**
Nach dem derzeitigen Jagdgesetz werden ab 2025 die lokalen Jagdvereine für die Entschädigung von Schäden zuständig sein (derzeit ist es der Staat). Dies kann die Haltung der Landwirtschaft gegenüber Schakalen verschlechtern, da die Voraussetzungen für die Entschädigung von Schäden wahrscheinlich strenger werden als jetzt. Ungeachtet der Tatsache, dass die Zahl der jährlich erlegten Schakale zunimmt, breitet sich die Art in Slowenien weiterhin räumlich aus. Ich gehe davon aus, dass die von Schakalen verursachten Schäden zunehmen werden, bis die Tragfähigkeit des Lebensraums nahezu gesättigt sein wird.

**Wie macht ihr die Jagdplanung und wie wird der Goldschakal in Slowenien gejagt?**
Bevor wir in Slowenien mit der Jagd auf Goldschakale begannen, mussten wir ein Monitoring einrichten und den Bestand schätzen. Dies geschah im Rahmen eines nationalen Projekts im Jahr 2018, welches ergab, dass die Population in einem günstigen Erhaltungszustand ist. Aus dem Projekt resultierten Empfehlungen für anfängliche Jagdquoten in allen 15 Jagdmanagementgebieten in Slowenien. Zunächst war das Ziel, den günstigen Erhaltungszustand der Schakale (gemäß der Fauna Flora-Habitat-Richtlinie) nicht zu gefährden, weshalb die Jagdquoten sehr zurückhaltend festgelegt wurden. Seit 2020 ist die Population jedoch stark angestiegen, und wir haben die Jagdquoten entsprechend erhöht. Das Hauptziel des Managements besteht nun darin, das Populationswachstum zu verringern und dadurch die Schäden zu reduzieren. In Slowenien werden Schakale mit verschiedenen Methoden bejagt, darunter Bewegungsjagden, Ansitz mit Köder oder Nachahmung von Rufen der Beutetiere. Es scheint, dass die Anzahl Schakale trotz hoher Jagdquoten weiterhin zunimmt. In diesem Jahr haben Jagdverbände aus mehreren Regionen in Slowenien ihre zweijährigen Jagdquoten erfüllt und beim Ministerium um zusätzliche Abschussmöglichkeiten gebeten. Diese wurden genehmigt.

**Was war für dich die überraschendste Erkenntnis über Goldschakale?**
Aus Sicht des Managements ist das Überraschendste wahrscheinlich die Tatsache, dass

## Matija Stergar

die Population trotz des relativ intensiven Jagddrucks und der zunehmenden Jagdstrecke immer noch zunimmt, und zwar schnell. Interessant ist auch, dass trotz der bekannten Habitatselektion (Schakale kommen hauptsächlich in fragmentierten Landschaften vor) regelmäßig Individuen auch in bewaldeten Gebieten oder hoch in den Bergen nachgewiesen werden, manchmal auch inmitten von Wolfsterritorien.

**Was rätst du bezüglich Goldschakalen für eine Region, in der die Ausbreitung erst beginnt?**
Es ist schwer, sinnvolle Ratschläge zu geben, da wir immer noch aktiv lernen und Erfahrungen mit Schakalen und deren Management sammeln. Ich kann raten, Strategien und Pläne für ein aktives Management des Goldschakals und den Schutz der Nutztiere auszuarbeiten und dabei die natürliche und kulturelle Umgebung zu berücksichtigen.

**Gibt es noch etwas, das du über die Goldschakale sagen möchtest?**
Viel Erfolg beim Management von Goldschakalen und unterschätzt die Dynamik ihrer Populationen nicht.

## 6.5 Jagd auf den Goldschakal

Der Umgang mit der Jagd auf den Goldschakal unterscheidet sich deutlich von Land zu Land. Das Spektrum reicht von striktem Schutz bis zur ganzjährigen Bejagung ohne Schonzeiten, von genau vorgegebenen Jagdquoten bis zu einer unbegrenzten Anzahl Tiere, die erlegt werden dürfen (s. Kapitel Schutz & Schutzstatus).

Im deutschsprachigen Raum gibt es noch sehr wenig Erfahrungen mit der Bejagung von Goldschakalen. Lediglich in Österreich werden in manchen Bundesländern bereits Goldschakale bejagt, Zahlen dazu wurden bisher nur über Zeitungsartikel publik gemacht bzw. noch nicht gesammelt dargestellt. In diesem Kapitel werden deshalb Erfahrungen aus anderen Ländern dargestellt. Da grundsätzlich noch wenige wissenschaftliche Daten zu diesem Thema verfügbar sind, wird auch auf Studien zu anderen Beutegreifen zurückgegriffen, die sich vermutlich teilweise auch auf die Situation beim Goldschakal übertragen lassen.

### Weshalb werden Goldschakale bejagt?

Von der Mitte des 19. bis zur Mitte des 20. Jahrhunderts wurden in unterschiedlichen Regionen im gesamten Verbreitungsgebiet Goldschakale bejagt. So wurden beispielsweise während der britischen Herrschaft in Indien Goldschakale von Britinnen und Briten auf Pferden mithilfe von Hunden (Grey- und Foxhounds) bejagt. Diese Jagd galt als Ersatz für die traditionelle Fuchsjagd, welche in der Heimat betrieben wurde, wobei die Goldschakale allerdings als weniger schön galten als die Füchse. Jedoch wurde die Ausdauer der Schakale geschätzt, denn hierdurch konnte länger gejagt werden. Ab Mitte des 20. Jahrhunderts brachten britische Diplomaten die Goldschakaljagd auch in den Irak. In Russland und anderen Ländern der Sowjetunion galt das Fell der Goldschakale als minderwertig, da es eher als grob und struppig betrachtet wurde. In den 1930er-Jahren wurden jährlich 20 000–25 000 Felle gegerbt, welche aber in der Sowjetunion keine Verwendung fanden und so bis zur Mitte des 20. Jahrhunderts in die USA exportiert wurden (Dale 1906; Hatt 1959; Heptner 1998).

Die heutigen Motive für die Jagd auf den Goldschakal dürften sehr verschieden sein. Dabei spielen unter anderem das Jagderlebnis, die Herausforderung, diese Tiere zu erlegen, die gemeinsame Jagd mit den Hunden und Mitjagenden sowie die Jagdtrophäe eine Rolle. Hinzu kommen wildökologische Gesichtspunkte, welche im Folgenden weiter ausgeführt werden. Gerade in Südosteuropa spielen aber auch kommerzielle Gründe eine Rolle. So werden beispielsweise in Ungarn oder Bulgarien Goldschakaljagden als Jagdreisen angeboten. In unseren Breitengraden wird das Fleisch von erlegten Caniden nur sehr selten verzehrt. Der Pelz des Goldschakals wird in einigen Ländern, wie zum Beispiel in Bulgarien, weiter verwertet und zu Kleidung verarbeitet. Dies hat aus ökonomischer Sicht aber keine große Bedeutung. In vielen Regionen wird der Pelz nicht verwendet und entsorgt (Stoyanov 2012; Hoffmann et al. 2018).

Auch aus Sicht des Wildtiermanagements werden unterschiedliche Gründe zur Jagd von Goldschakalen aufgeführt, welche oft auch von der Jägerschaft als Gründe für die Jagd genannt werden. Dazu gehört die Verhinderung der Ausbreitung von Krankheiten bei hohen Schakaldichten, der Schutz anderer Wildarten oder die Verminderung von Mensch-Wildtier-Konflikten (Giannatos 2004; Tsunoda et al. 2017; Nemtzov und King 2002). Inwiefern die Bejagung der Goldschakale zur Lösung dieser Begründungen beiträgt, wird im Folgenden beleuchtet.

^ Der Goldschakal wird in einigen Ländern bejagt. Der Schutzstatus, die Jagdzeiten und -regeln variieren von Land zu Land und teils auch zwischen unterschiedlichen Regionen innerhalb eines Landes.

^ Diese beiden Goldschakale wurden bei einer Lockjagd in Ungarn erlegt.

## Auswirkungen der Bejagung

Die Auswirkungen der Bejagung hängt grundsätzlich stark von den lokalen Begebenheiten, der Art und Weise, der Organisation und Umsetzung der Bejagung ab. Insbesondere dann, wenn Wildtiere aus Sicht der Menschen Schäden anrichten, wird deren Bejagung gerne als erste Lösung genannt und in der Öffentlichkeit dann auch jeweils breit diskutiert. Ob sie aber auch mittel- und langfristig zu den gewünschten Zielen führt, ist nicht immer klar.

Lokal und kurzfristig kann die Bejagung von Schakalen eine Situation stark verändern. Das gilt beispielsweise dann, wenn es ein bestimmtes Individuum oder eine überschaubare Gruppe ist, die in einem begrenzten Gebiet für erhebliche Konflikte sorgt. Werden diese erlegt, lässt sich der Konflikt zumindest vorübergehend lösen. Auch kann die Bejagung von Beutegreifern lokal dazu führen, dass die Tiere ihr Streifgebiet verschieben und das entsprechende Gebiet meiden (Dolev et al. 2022; Sillero-Zubiri et al. 2004).

Hat sich jedoch eine Goldschakal-Population bereits großflächig etabliert oder sind Goldschakale in benachbarten Regionen heimisch, präsentiert sich die Situation häufig weniger übersichtlich. Die Vergangenheit hat in verschiedenen Ländern gezeigt, dass es möglich ist, Beutegreifer wie den Goldschakal weiträumig zu verdrängen oder gar auszurotten. Dies gelang jedoch nur mit sehr großem Aufwand und teilweise aus Tierschutz- oder Artenschutzsicht mit fragwürdigen Methoden, wie dem Auslegen von Giftködern (Macdonald 1979, Giannatos 2004). Andernorts zeigte sich aber, dass ein Bestand trotz starker Bejagung langfristig nicht reduziert werden kann. So führte eine langjährige Bejagung weder in Bulgarien, Serbien noch in Ungarn zu einem Rückgang der Population (Ćirović et al. 2016; Giannatos 2004; Šprem et al 2024; Dolev et al. 2022; Yom-Tov et al. 1995; Stoyanov 2018). Beispielsweise nahm in Ungarn der Goldschakal-Bestand seit den 1980er-Jahren zu, obwohl der Goldschakal dort seit Jahren intensiv bejagt wird; 2022/23 wurden über 15000 Individuen erlegt (Csányi 2022; Šprem et al 2024; Tóth et al. 2009; Bijl et al. 2024; Banea et al. 2018).

Die Bejagung von Goldschakalen kann je nach Begebenheit sogar die Populationsdichte erhöhen. Einerseits können Schakale aus benachbarten Gebieten in die freigewordenen Reviere einwandern und die entstandenen Lücken füllen. In einer stabilen und nicht bejagten Goldschakal-Population geschieht das kaum, weil sich Familienverbände bilden, die ihr Territorium gegenüber fremden Individuen verteidigen. Werden die natürliche Altersstruktur und die Sozialstrukturen durch die Bejagung zerstört, zerfallen die Familienverbände, was das Einwandern fremder Individuen begünstigt (Stoyanov 2018; Dolev et al. 2022; Sillero-Zubiri et al. 2004; Frangini et al. 2022; Bijl et al. 2024; Boyce et al. 1999; Abd Rabou et al. 2021). Andererseits konnte gezeigt werden, dass es bei bejagten Populationen vermehrt zu Nachwuchs kommt. Durch eine geringere Dichte und eine gestörte Sozialstruktur können sich auch jüngere Weibchen, welche üblicherweise durch den Familienverband sozial von der Fortpflanzung ausgeschlossen würden, fortpflanzen. In bejagten Beständen ist das Durchschnittsalter der Schakale tendenziell niedriger, wodurch dieser Effekt verstärkt wird. Die erhöhte Mortalität wird kompensiert, indem die Reproduktionsrate steigt (Pecorella et al. 2023; Frangini et al. 2022; Minnie et al. 2016; Stoyanov 2018; Sillero-Zubiri et al. 2004; Abd Rabou et al. 2021).

Die Bejagung von Goldschakalen zum Schutz anderer Arten, wie beispielsweise bodenbrütender Vögel, wird auch als Grund genannt. Wie im Kapitel «Bedeutung im Ökosystem» beschrieben ist, kann der Goldschakal lokal einen Einfluss auf andere Wildtierpopulationen haben. Doch wird dies, insbesondere in unseren Breitengraden, in denen sich Beutetiere über viele Jahre an die Anwesenheit von anderen Prädatoren wie Rotfuchs, Wildschwein und Marder angepasst haben, nur bei Beutetierarten, welche bereits anderweitig gefährdet sind, eine Rolle spielen. Da stellt sich die Frage, weshalb diese Beutetierart überhaupt gefährdet ist. Dies wird häufig mit anderen Faktoren, wie dem zunehmenden Verlust oder der Zersiedlung des Lebensraums zu tun haben. Fehlt beispielsweise Deckung, um sich vor Prädatoren in Sicherheit zu bringen, sind die Beutetiere dementsprechend auch stärker dem Goldschakal ausgesetzt. In solchen Situationen könnte die Aufwertung des Lebensraums die nachhaltigere und zielführendere Managementmaßnahme sein. Die Bejagung von Prädatoren wie dem Goldschakal kann kurzfristig und lokal die Beutetierpopulation entlasten, langfristig sollte aber weitergedacht werden und andere Managementmaßnahmen zumindest ergänzend evaluiert werden.

### Artenschutz vs. Tierschutz

Die Bejagung von Wildtieren wird von verschiedenen gesellschaftlichen Kreisen unterschiedlich bewertet und diskutiert. Während die einen der Meinung sind, dass die Bejagung ein notwendiges Mittel ist, um Konflikte zwischen Mensch und Wildtier zu minimieren, wird das Töten von Tieren durch andere grundsätzlich als nicht zeitgemäß und verwerflich betrachtet. Dabei muss unter anderem zwischen Interessen des Tierschutzes (Wohlergehen des einzelnen Individuums einer Population) und Interessen des Artenschutzes (Erhaltung einer Art oder einer Population) unterschieden werden. Der Inhalt dieses Buches fokussiert auf die Aspekte des Artenschutzes. Die Thematik der Bejagung aus Sicht des Tierschutzes wird im vorliegenden Buch nicht beleuchtet, wobei im gesamten deutschsprachigen Raum gesetzlich festgehalten ist, dass keinem Tier unnötiges Leid zugeführt werden darf. Dies gilt auch, wenn ein Tier im Rahmen der Jagd erlegt wird.

## Wie werden Goldschakale bejagt?

Weit verbreitet und vergleichbar mit der Bejagung von Füchsen im deutschsprachigen Raum ist die Bejagung des Goldschakals bei der Ansitzjagd, der Pirsch und der Bewegungsjagd. Bei der Ansitzjagd wird ruhig an einem Ort gewartet, bis sich die zu erlegende Tierart in Reichweite nähert. Bei der Pirsch wird aktiv nach der Zielart gesucht und sich an sie herangepirscht. Bei der Bewegungsjagd helfen Hunde und häufig auch Menschen, die Wildtiere in Bewegung zu bringen. Wartende Schützen und Schützinnen können diese bei Annäherung erlegen.

In osteuropäischen Ländern, wie beispielsweise in Kroatien, werden oftmals Lockrufe eingesetzt (Šprem et al. 2024). Dazu gehören imitierte Rufe

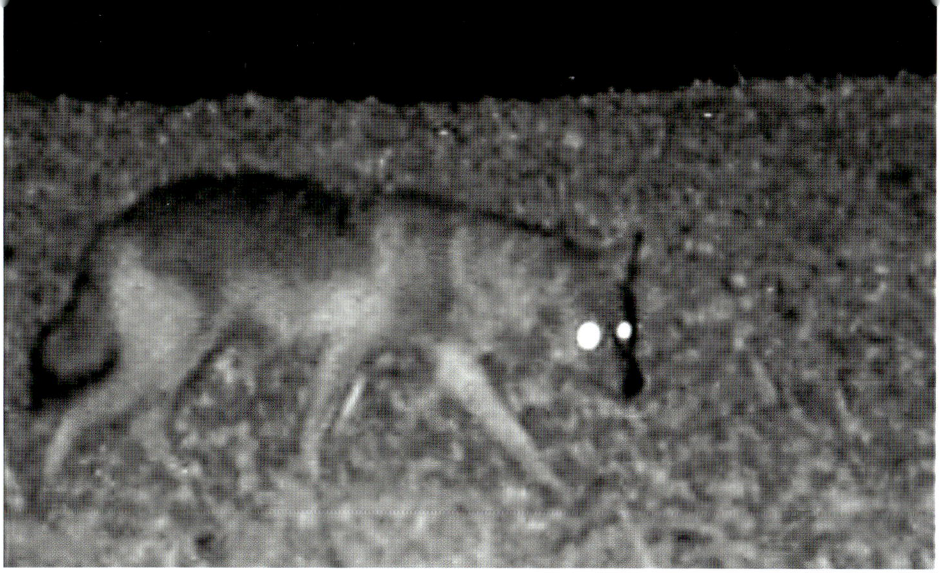

von verletzten Hasen, von Mäusen, von Rehen, von Vögeln oder Kontaktlaute anderer Goldschakale. Durch das Nachahmen oder Abspielen dieser Rufe werden die Goldschakale angelockt. Im deutschsprachigen Raum ist das Anlocken mittels elektronischer Geräte für die Jagd verboten.

Ebenfalls verboten sind in Deutschland, Österreich und der Schweiz der Einsatz von Tellereisen (Fußfallen) für die Jagd, welche in einigen osteuropäischen Ländern genutzt werden. Hierbei handelt es sich um eine Tretfalle mit zwei Fangbügeln, welche gespannt werden. Tritt ein Tier in die Mitte der Falle, d.h. auf den sogenannten Teller, werden die Fangbügel ausgelöst, klappen zusammen und fixieren die Pfote des Tiers. Auch werden Schwanenhals-Fallen bei der Jagd auf Goldschakale genutzt. Dabei werden die Fangbügel ausgelöst, wenn das Tier mit dem Maul an einem Köder zieht, welcher in der Mitte der Falle platziert wurde. Dabei soll das Tier tödlich am Kopf verletzt werden (Abd Rabou et al. 2021). Auch diese Fangmethoden ist im deutschsprachigen Raum aus Gründen des Tierschutzes nicht zugelassen.

< Schakale werden oftmals vom Ansitz aus erlegt. In Deckung und aus erhöhter Position wird der Jäger oder die Jägerin weniger rasch bemerkt.

< In einigen Ländern werden Goldschakale auch mit Kastenfallen, welche mit Köder bestückt werden, gefangen. Sobald das Tier in der Falle ist, löst diese aus und schließt sich.

^ Da Goldschakale häufig nachts aktiv sind, wird je nach gesetzlicher Grundlage auch Nachtsichttechnik (Wärmebildgerät oder wie für dieses Bild verwendet, ein Restlichtverstärker) zur Jagd eingesetzt (Šprem et al. 2024).

## Was sollte bei der Bejagung von Goldschakalen beachtet werden?

Ist die Forderung nach der Bejagung von Goldschakalen aufgrund bestehender Wildtier-Mensch-Konflikten vorhanden, so sollte zuerst stets genau geprüft werden, ob tatsächlich Goldschakale für den entsprechenden Konflikt verantwortlich sind. Ist dem so, so ist zu klären, ob andere Maßnahmen zur Vermeidung des Konfliktes getroffen werden können und gegebenenfalls sogar effektiver sind. Denn selbst wenn die konfliktverursachenden Goldschakale erlegt werden, bietet dies selten eine langfristige Lösung. Die entstandenen Lücken werden früher oder später von zuwandernden Schakalen neu besetzt.

Wurden jedoch alle übrigen, zumutbaren Maßnahmen zur Lösung des Konflikts umgesetzt, ohne dass sich dieser dadurch hat entschärfen lassen, so sollten möglichst gezielt diejenigen Individuen, die den Konflikt verursachen, entnommen werden. Diese Bejagung geschieht, wenn immer möglich, am besten direkt dort, wo der Konflikt verursacht wird, also beispielsweise direkt im Weidegebiet. Sind weitere Schakale anwesend, kann es sein, dass diese das Gebiet anschließend meiden, da sie es mit Gefahr assoziieren.

Wenn sich ein Goldschakal-Bestand in einem Gebiet etabliert hat, sollte grundsätzlich möglichst vermieden werden, bestehende Familienverbände zu zerstören, da dies zu unerwünschten Folgeeffekten führen kann. Insbesondere die Elterntiere sollten nach Möglichkeit geschont werden. In einer langjährig bejagten Goldschakal-Population in Bulgarien wurde gezeigt, dass vor allem die Überlebensrate der subadulten Tiere die Populationsgröße beeinflusst, dort waren vor allem die zwei- bis dreijährigen Tiere an der Fortpflanzung beteiligt (Stoyanov 2018). In der jagdlichen Praxis ist es schwierig, das Alter von Goldschakalen sicher einzuschätzen. Der Fokus bei der Bejagung sollte demnach auf den Jungtieren liegen, welche noch sicher unterscheidbar sind und zumindest mittelfristig maßgeblich am Fortpflanzungserfolg eines Familienverbands beteiligt sind.

Vielerorts sind trächtige und führende Weibchen aus Gründen des Muttertierschutzes geschützt und dürfen nicht bejagt werden. Bei der Welpenaufzucht und -versorgung übernimmt jedoch häufig auch der Rüde relevante Aufgaben. Obwohl die Beteiligung des Rüden in der Jungenaufzucht variieren kann, kann auch sein Abschuss ein schwerwiegender Eingriff sein und unerwünschten Einfluss auf die Entwicklung von Fähe und Welpen haben. Solange die Rolle des Rüden nicht besser geklärt ist, könnte eine sinnvolle Maßnahme sein, weibliche, wie auch adulte männliche Tiere während der Jungenaufzucht zu schützen. Da die Altersbestimmung im Feld schwierig ist, sollte eine grundsätzliche Schonzeit der Schakale während der Jungenaufzucht, wie sie in einigen Bundesländern in Österreich bereits heute gilt, in Betracht gezogen werden.

Auch wenn die Bejagung zur Bestandesreduktion aus wildökologischer Sicht infrage gestellt werden kann, ist der gesellschaftliche Aspekt des Wildtiermanagements nicht zu unterschätzen. Kann eine Art in bestimmtem Maß bejagt werden, so dient dies möglicherweise der Beruhigung von Teilen der Gesellschaft. Dies könnte in manchen Regionen dazu führen, dass sich unterschiedliche Interessensgruppen in ihrer Herausforderung mit dem Neuankömmling ernst genommen fühlen und so auch eher bereit sind, an einem möglichst konfliktarmen Miteinander mitzuwirken, was schlussendlich der Situation insgesamt einen Mehrwert bringen kann (Stoyanov 2018; Sillero-Zubiri et al. 2004).

## Erfahrungen aus der Goldschakal-Jagd in Kroatien

Wir haben Jäger aus Kroatien zum Thema Goldschakal-Jagd befragt.

**Weshalb und wie bejagen Sie Goldschakale? Was gilt es dabei zu beachten und was haben Goldschakale in Ihrem Gebiet für einen Einfluss auf die Umwelt?**

«Ich jage Goldschakale aufgrund des Jagderlebnisses und zur Populationskontrolle. Wir bejagen sie aus dem getarnten Ansitz. Es werden alle Altersgruppen erlegt, männliche und weibliche Tiere sind im Feld kaum unterscheidbar. Anhand der Größe können wir zwischen jungen und ausgewachsenen Tieren unterscheiden. Leider werden die Schakale nur von wenigen Jägern bejagt, da weder das Fleisch noch das Fell verwertet werden. Diese Einstellung muss geändert werden. Wichtig ist, dass es eine klare Managementstrategie gibt, bei der das aktuelle Populationswachstum der Schakale berücksichtigt wird. Zudem ist es wichtig zu wissen, dass Goldschakale extrem anpassungsfähig, intelligent und schwer zu bejagen sind.»

*Petar Perica, 26 Jahre alt, Jäger aus Omis, Kroatien*

«Ich gehe seit 20 Jahren auf die Schakaljagd. Vor allem, um die Population in Schach zu halten, was zur Reduktion von Schäden an Nutztieren und an jagdbaren Arten (Feldhasen und Vögel) führt. Wir bejagen die Schakale im Ansitz und in Bewegungsjagden. Wichtig zu wissen ist bei der Schakaljagd, dass sie sich meistens in großem Dickicht aufhalten und für die Bewegungsjagd deshalb eine große Anzahl an Jägern und gut ausgebildeten Hunden nötig sind. Wir bejagen alle Altersgruppen, vom Ansitz aus können wir das Alter einschätzen, in der Bewegungsjagd ist dies nicht möglich. Solange die Dichte an Schakalen unter Kontrolle gehalten wird, haben die Schakale einen positiven Effekt auf ihre Umgebung, als Aasfresser räumen sie auf, und da sie oft verletzte oder erkrankte Tiere erbeuten, führen sie zu einer gesünderen Beutetierpopulation. Um die Schakal-Population erfolgreich zu managen, ist es wichtig, die Tiere gut zu kennen. Es ist nötig, Tiere mit Telemetrie-Halsbändern zu besendern, um ihre Bewegung und Ausbreitung zu überwachen, es sollten Daten zur Anzahl der Tiere und deren Ernährung gesammelt werden. Im Management sollte rechtzeitig reagiert werden.»

*Jozo Šolić, 46 Jahre alt, Jäger aus Split, Kroatien*

«Ich jage Goldschakale seit 2011, da die Schakale in der Gegend, in der ich lebe, sehr häufig sind. Wir bejagen die Schakale nur, um die Anzahl Prädatoren in den Revieren zu reduzieren und setzen somit einen Teil des vorgeschriebenen Managementplans um. Die in meinem Jagdrevier am weitesten verbreitete Jagdmethode ist die Bewegungsjagd mit Hunden. Wichtig ist zu wissen, dass die beteiligten Jäger sehr diszipliniert sein müssen, sie sollten sich möglichst nicht bewegen und keinen Lärm verursachen.»

*Roko Pavić, Jäger aus Debeljak, Kroatien*

«Ich gehe seit 1996 auf die Goldschakal-Jagd, da die Schakale in der Gegend, in der ich wohne, auf der Insel Pag, weit verbreitet sind. Wir bejagen die Schakale nur, um Schäden an Schafen zu verhindern. Die Insel Pag ist für die traditionelle Schafzucht und die Herstellung von Käse und Schafsmilch bekannt. Wir bejagen die Schakale in der Bewegungsjagd mit Hunden, auf der Pirsch oder vom Ansitz aus, das ist abhängig vom Gelände und von der Jahreszeit. Bei der Jagd muss man sehr geduldig und aufmerksam sein. Die Schakale auf Pag verursachen große Schäden an den Schafen, insbesondere während der Ablammsaison, da dann die Schafe weniger mobil und leicht zu erbeuten sind. Goldschakale haben

## Erfahrungen aus der Goldschakal-Jagd in Kroatien

große Angst vor Herdenschutzhunden, die die Nutztiere sehr wirksam vor Schakal-Angriffen schützen. Große Zäune und Elektrozäune sind je nach Gelände ebenfalls wirksam. Es ist sehr wichtig, im Management schnell zu handeln und die Ausbreitung der Goldschakale zu kontrollieren, denn wenn sie sich erst einmal ausgebreitet haben, ist es äußerst schwierig, die Population zu kontrollieren.»

*Marino Pernar, 52 Jahre alt, Jäger aus Pag, Kroatien*

«Ich bejage Goldschakale seit 1998, sie sind in der Gegend meiner Stadt Radovin weit verbreitet. Wir bejagen die Schakale mit dem Ziel, ihre Zahl und den Schaden an jagdbaren Arten und Nutztieren zu reduzieren und setzen somit einen Teil des vorgeschriebenen Managementplans um. In meinem Wohngebiet verursachen die Schakale nur wenige Schäden an Nutztieren, da es nur wenige Nutztiere gibt und die Wölfe dort präsent sind. Die Schakale in meinem Jagdgebiet sind nützlich, da sie vorwiegend als Aasfresser fungieren und nur selten Schäden machen. Vereinzelte Angriffe auf Nutztiere kommen vor, aber nur, wenn die Schafe unbewacht unterwegs sind, was zu verstreuten und verletzten Schafen führt.»

*Dario Rudela, 49 Jahre alt, Jäger aus Radovin, Kroatien*

In Kroatien werde Goldschakale das ganze Jahr über bejagt. Es gibt keine Schonzeiten. Jede Person mit einer Jagdprüfung und einem gültigen Jagdpass kann im Jagdrevier, von dessen Eigentümer sie die schriftliche Erlaubnis benötigt, auf Goldschakaljagd gehen. Es werden alle Altersklassen bejagt, lediglich tragende Fähen oder Weibchen mit jungen Welpen werden geschont.

## 6.6 Weitere Managementaspekte

Zum Management sollten neben der klassischen Bestandsüberwachung oder der Bejagung auch weitere Ansätze berücksichtigt werden. Eine fachgemäße Entsorgung von Abfällen – besonders Schlachtabfällen – sowie das Entfernen von Fallwild an Straßen spielen hier eine wichtige Rolle. Goldschakale sind opportunistische Allesfresser und können durch unsachgemäße Abfallentsorgung angelockt werden. Dies erhöht nicht nur das Risiko von Konflikten, sondern stellt auch eine zusätzliche Nahrungsquelle dar (besonders im Winter; Ćirović et al. 2016), woraus ein unnatürlich hoher Bestand resultieren könnte. Maßnahmen umfassen demnach, besonders in Siedlungsnähe, Mülltonnen und Abfallcontainer verschlossen und für Wildtiere unzugänglich zu halten. Auch wenn dies im deutschsprachigen Raum kaum eine Rolle spielen wird, sollten illegale Abfalldeponien vermieden werden. Wird Aufbruch zurückgelassen, ist dies natürlich willkommenes Futter für Goldschakale. So sind die Reste der Jagd in manchen jagdlich stark genutzten Regionen in Ungarn ein großer Bestandteil des Nahrungsspektrums von Goldschakalen (Lanszki et al. 2018). Da die Entsorgung von Aufbruch von Wildschweinen nach der Jagd spätestens seit der afrikanischen Schweinepest (ASP) in den meisten Ländern bereits strenger gehandhabt wird (Gervasi und Guberti 2022), ist hier vielleicht schon eine Managementmaßnahme aktiv, welche sich auch auf die Nahrungsverfügbarkeit für Goldschakale auswirkt. Umgekehrt sei erwähnt, dass Goldschakale bei der Beseitigung von an ASP erkrankten Tieren potenziell auch unterstützend wirken könnten. Die Kadaver von infizierten Wildschweinen sind nach wie vor ansteckend und können bei direktem Kontakt weitere Wildschweine infizieren. Entfernen Goldschakale solche Kadaver frühzeitig, kann das die ASP-Bekämpfung unterstützen (Kemenszky et al. 2021).

Auch Lebensraumaufwertung und -vernetzungen spielen eine große Rolle, um natürliche Systeme und ein ausgeglichenes Räuber-Beute-System zu erhalten. Ausreichend Naturschutzgebiete (z. B. mit viel flussbegleitender Vegetation), welche dann ausreichend Deckung für Kleinsäuger (die Hauptbeute von Goldschakalen), aber auch für verschiedene Vogelarten bieten, sind hier zu erwähnen. Eine gewisse Pufferwirkung könnte dadurch auch potenziellen Nutztierrissen entgegenwirken, da ausreichend Beute in den natürlichen und geschützten Lebensräumen vorhanden ist. Können sich aufgrund eines vielfältigen Lebensraums und einer guten Vernetzung zwischen den Lebensräumen stabile Populationen bilden, so sind diese deutlich weniger vulnerabel gegen opportunistische Beutegreifer wie den Goldschakal.

Zuletzt sei noch eine effektive Kommunikation mit der Bevölkerung und den relevanten Interessensgruppen zu erwähnen, um Akzeptanz für ein vernünftiges Goldschakalmanagement zu schaffen, speziell in den Regionen, in welchen er noch wenig bekannt ist. Eine erfolgreiche Umsetzung erfordert eine enge Zusammenarbeit zwischen Ökologinnen, Ökologen, entscheidenden Personen und Institutionen, der Landnutzung und der breiten Öffentlichkeit, und gilt als Basis für ein erfolgreiches Management.

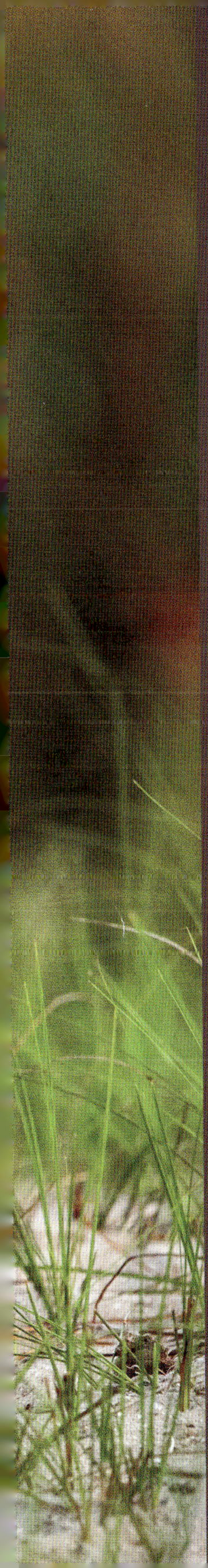

# 7 Schlussgedanken

Wildtiermanagement ist eine sehr komplexe Aufgabe, die die unterschiedlichsten menschlichen Interessen und Bedürfnisse der Tierarten miteinander in Einklang zu bringen versucht. Entscheidungen über die Art und Weise, wie ein Wildtier gemanagt wird, werden letztendlich auch politisch getroffen. Gerade weil der Goldschakal in Mitteleuropa vielerorts noch ein «unbeschriebenes Blatt» ist, besteht noch die Chance, dass eine Politisierung und Polarisierung, wie sie beim Wolf geschehen ist, verhindert wird. Um diese Chance wahrzunehmen, müssen Befürchtungen betroffener Interessengruppen ernst genommen werden und ein Diskurs auf fachlicher Ebene stattfinden. Dieser muss auch die Wert- und Ethikvorstellungen der unterschiedlichen Personengruppen berücksichtigen. Um diese ethischen Aspekte des Umgangs mit dem Goldschakal genauer zu betrachten, haben sich die Autorinnen und der Autor dieses Buches mit Dr. Rudi Suchant ausgetauscht. Er war bis 2024 Abteilungsleiter des Wildtierinstitutes an der Forstlichen Versuchs- und Forschungsanstalt Baden-Württemberg und befindet sich heute im Ruhestand. Seit Langem beschäftigt er sich mit verschiedenen Wildtieren, vor allem aber auch damit, wie Wildtiere den Menschen beeinflussen und wie Menschen mit Wildtieren umgehen.

### Was bedeutet der Goldschakal für uns Menschen?

Um fachliche Grundlagen zu schaffen, ist derzeit vor allem eine fundierte Beobachtung der Entwicklung von Goldschakal-Vorkommen wichtig. Erst auf Grundlage abgesicherter Erkenntnisse über diese Tierart können sinnvolle Konzepte für den künftigen Umgang abgeleitet werden. Gleichzeitig ist es zum aktuellen Zeitpunkt aber auch wichtig, dass die Bevölkerung informiert, mitgenommen und einbezogen wird. Insbesondere Menschen mit potenziellen Berührungspunkten zum Goldschakal – sei es aus der Landwirtschaft, der Jagd, dem klassischen Naturschutz oder dem Tourismus – sollten frühzeitig darauf vorbereitet sein, dass eine weitere Tierart in Mitteleuropa Fuß fassen wird.

^ Dr. Rudi Suchant, Abteilungsleiter des FVA-Wildtierinstitutes im Ruhestand.

In Europa werden Wildtiere bestimmten Gesetzen und Ministerien zugeordnet. Daraus leiten sich Zuständigkeiten ab. Nicht ausreichend berücksichtigt wird dabei aber, dass der Umgang mit diesen Tierarten und ihren sehr großen Lebensräumen in Landschaften mit zahlreichen unterschiedlichen Zuständigkeiten und Verantwortlichkeiten erfolgt. Ohne ausreichende Kommunikation und Kooperation sind Konflikte vorprogrammiert. Gute Beteiligung und Zusammenarbeit über die Zuständigkeitsgrenzen hinweg sind Voraussetzung für einen konsensualen Umgang mit der Natur und ihren Tieren. Welche Nische besetzt der Goldschakal? Welche Zuständigkeits- und Interessenbereiche sind von dieser Tierart berührt? Auf der Basis des Naturschutzrechts sind es in Deutschland derzeit überwiegend die Naturschutzbehörden, die für den Goldschakal und den Umgang mit ihm zuständig sind. In der Schweiz sind es die Jagdbehörden und in Österreich sind die Zuständigkeiten von Bundesland zu Bundesland verschieden. Zweifelsohne sind aber auch Menschen aus den Bereichen Landwirtschaft, Tourismus, Straßenverkehr, Tierschutz oder Bildung an der Zuwanderung dieser Tierart interessiert. Eine Allianz aus diesen und weiteren Interessengruppen ist notwendig, um alle relevanten Faktoren im Umgang mit dem Goldschakal zu berücksichtigen und dabei die sozioökonomischen und ökologischen Zusammenhänge der Landschaft einzubeziehen.

Teilt man Zuständigkeiten für Flächen und Inhalte auf, bleibt es schwierig, das ganze System zu sehen und zu berücksichtigen. Denn in der Natur hängen sehr viele Dinge zusammen und beeinflussen sich gegenseitig. Daher müssen auch wissenschaftliche Expertisen zusammengeführt werden, damit möglichst viele Faktoren berücksichtigt werden können, wenn es um das Management einer Tierart geht. Der Fokus muss auf dem gesamten Wirkungsgefüge liegen, nicht nur auf der einzelnen Tierart.

Ein Wirkungsmodell, man könnte sich hierunter einen Managementplan mit langfristiger Sichtweise vorstellen, der diese genannten Gruppen, Expertisen, Lebensräume und Tierarten berücksichtigt, könnte ein sinnvolles Managementinstrument sein. In diesem kann schon jetzt geklärt werden, wie mit der Landschaft und ihren Bestandteilen umgegangen wird, wenn bestimmte Situationen eintreten. Ein direktes Beispiel könnte die gegebenenfalls notwendige Bejagung von Goldschakalen in einem bestimmten Gebiet sein, in dem eine vulnerable andere Tierart unter dem Prädationsdruck des Schakals leiden könnte. Entscheidend ist die Zielsetzung. Wichtig ist in jedem Fall die ethische Diskussion darüber, wie mit den jeweiligen Tierarten umgegangen wird. Ausschlaggebend für den möglichen Einfluss des Goldschakals auf eine bedrohte Tierart sind gesamtökologische Zusammenhänge in der Landschaft: Welches sind die Rückgangsursachen für die bedrohte Tierart (z.B. Lebensraumverlust, Klima, Barrieren, Prädation)? Welche Ursachen sind vom Menschen verursacht und können «korrigiert» werden? In welchen Teilen der Landschaft sollte eine zu starke Ausbreitung des Goldschakals verhindert werden und in welchen Teilen ist eine ungeregelte Ausbreitung unproblematisch oder auch erwünscht?

Durch die opportunistische Lebensweise und die Ausbreitungsgeschwindigkeit erübrigt sich die Frage, ob der Goldschakal die Besiedlung neuer Lebensräume fortsetzen wird. Dagegen ist für Managementüberlegungen die Dichte des Goldschakals und die damit einhergehenden Wechselwirkungen in der Landschaft entscheidend. Ob und was wann und wie getan werden muss, lässt sich jedoch erst entscheiden, wenn diese Wechselwirkungen im Landschaftsbezug bekannt sind. Forschung und Monitoring sind somit unabdingbare Voraussetzungen.

Aber: Die Realität sieht häufig anders aus. Solange kein Problem entsteht, wird die Entwicklung von Wildtierpopulationen, wie die des Goldschakals, meist laufen gelassen, ohne ein ausreichendes Monitoring und eine zielgerichtete Forschung durchzuführen. Feuer werden gelöscht, wenn sie entstanden sind – Probleme werden gelöst, wenn sie entstanden sind. Wie häufig in der Politik und folglich in der Verwaltung wird zu wenig unternommen, um Probleme gar nicht erst entstehen zu lassen. Der Goldschakal ist bisher kein Problem. Doch in bestimmten Situationen gilt es, das Management so vorzubereiten, dass er auch keines wird. Nur so ist ein zukunftsorientiertes und faktenbasiertes Wildtiermanagement zu realisieren.

Grundsätzlich gibt es viele Möglichkeiten im Umgang mit dem Goldschakal. Kommt er in verhältnismäßig geringer Dichte vor, wird er für Mensch, Tier und Landschaft großflächig nicht zum Problem. Die Bewertung des tolerablen Wildeinflusses erfolgt nach menschlichen Maßstäben und sollte immer an den Zusammenhängen und Zielsetzungen eines Landschaftsmanagements orientiert werden. Daher darf der Blick nie nur auf der Art Goldschakal liegen, sondern auf dem Gesamtgefüge in der Landschaft. Wird der Einfluss einer Art für eine bestimmte Zielsetzung in einem bestimmten Bereich der Landschaft als zu hoch bewertet, sind alle Optionen des Wildtiermanagements, einschließlich der Bejagung, zu prüfen. Bei einer zielgerichteten Bejagung sollte es jedoch nicht nur um eine einfache pauschale Jagdzeit gehen, sondern das zu erreichende Ziel muss klar definiert sein. So sind u. a. die zu erreichende Dichte der Tierart oder der Raum für die Bejagung klar zu bestimmen, um Jagdintensität, Jagdmethoden und Jagdzeiten daran ausrichten zu können.

Managementmaßnahmen, wie sie beispielsweise beim Wolf bekannt sind, sind beim Goldschakal nur teilweise praktikabel. Für den Unterschied ist u. a. bedeutsam, dass die Übergriffe des Goldschakals auf Weidetiere anders und situationsspezifisch beurteilt werden müssen. So muss auch die Zäunung zum Schutz von Weidetieren beim Goldschakal anders bewertet werden: Litzenzäune können nur mit großem Aufwand Übergriffe auf Nutztiere durch den Goldschakal verhindern. Weidenetze hingegen können eine sehr effektive Wirkung haben und sind einfacher in der fachgerechten Installation. Flächig muss es aber neben Weidenetzen auch andere Möglichkeiten geben, um das Risiko von Übergriffen auf Nutztiere zu minimieren, falls solche Zäune nicht einsetzbar sind. Denkbar sind beispielsweise eine Umstellung von Herdenstrukturen oder eine bessere Überwachung des Gesundheitszustandes der Nutztiere. Dagegen gibt es aber auch grundsätzliche Maßnahmen im Wildtiermanagement, die wichtig sind; z. B. ist das Entfernen von anthropogenen Nahrungsquellen für Wildtiere auch beim Goldschakal eine sehr wirkungsvolle Option der «Wildtierlenkung».

Beim Thema «Management» sollte auch ein möglicher positiver Einfluss des Goldschakals auf seine ökologische Nische berücksichtigt werden. Beispielweise könnte er mit einem reduzierenden Einfluss auf den Fuchsbestand für bestimmte Regionen und Zielsetzungen auch einen positiven Effekt haben. Wichtig ist, stets zu berücksichtigen, dass «positiv», «negativ» oder «neutral» immer im Sinne der Situation und einer bestimmten Zielsetzung im Wirkungsgefüge interpretiert werden müssen. Sie beruhen immer auf den Werten und Einstellungen der beurteilenden Menschen selbst.

Trotz dieser geschilderten Erkenntnisse wirft der Goldschakal für die allermeisten Menschen noch ungelöste Fragen auf. Weder die Gesellschaft noch die Wissenschaft können aber alles prognostizieren, was die Entwicklung des Goldschakals in Mitteleuropa betrifft. Bei der Frage, ob der einwandernde Goldschakal einen Einfluss auf autochthone Ökosysteme hat, sollten weitere Aspekte berücksichtigt werden. Ist die Rede vom «ökologischen Gleichgewicht», das der Goldschakal beeinflussen könnte, sollte daran gedacht werden, wie Evolution funktioniert und wie Arten entstehen. Ein «Gleichgewicht» gibt es in keinem Ökosystem, die Dynamik von Veränderungen charakterisieren die Natur. Ohne ein «Ungleichgewicht» im Ökosystem können sich Arten nicht weiterentwickeln, sich nicht ausbreiten, andere Arten nicht verdrängen, Arten können nicht zu neuen Arten verschmelzen. Die Ausbreitung des Goldschakals ist nur möglich, weil es solche Dynamiken und Ungleichgewichte gibt. Viele Faktoren beeinflussen diese Wechselwirkungen zwischen und auf Tierarten. Klima und Witterung sind hier nur beispielhaft zu nennen. Zusätzlich ist zu berücksichtigen, dass dieses Gefüge auch an unterschiedlichen Orten verschieden ablaufen kann. Was in Osteuropa beobachtet wird, muss sich beim Goldschakal in Mitteleuropa nicht genauso abspielen.

### Was bedeuten wir Menschen für den Goldschakal?

Der wesentliche Teil dieses Buches und der naturwissenschaftlichen Arbeit, die bisher rund um den Goldschakal stattfindet, beleuchtet das Tier selbst – den Goldschakal und seine Wechselwirkungen mit seiner Umwelt. Teil dieser Umwelt und diese stark steuernd ist der Mensch. Daher müsste der Mensch im Hinblick auf das Wildtiermanagement und speziell auf den Goldschakal stärker in den wissenschaftlichen Fokus genommen werden. Verschiedene Disziplinen der Sozialwissenschaften könnten wichtige Grundlagen für den Umgang mit dem Goldschakal schaffen. Sich damit auseinanderzusetzen, wie der Mensch auf den Goldschakal reagiert, wie sich Sichtweisen, Einstellungen und Erwartungen formen, würde beispielsweise helfen, künftig angemessen mit dem Goldschakal umzugehen und dabei die unterschiedlichen gesellschaftlichen Interessen zu berücksichtigen.

Welche Assoziationen weckt der Goldschakal? Allein sein Name «*Gold*schakal» lässt positivere Bilder entstehen, als zum Beispiel bei seinem entfernten nordischen Verwandten dem «Vielfraß». Auch sind Fragen des Menschen gegenüber einem Tier meist ähnlich und beruhen auf tiefen Urängsten: Bedeutet das Tier für mich direkt eine Gefahr? Kann es für mich eine indirekte Bedrohung darstellen? Beispielsweise durch Krankheiten? Oder beeinflusst das Tier meinen Besitz oder mein Handeln? Jeder Mensch wird selbst schnell feststellen, an welcher Stelle er bei diesen Fragen ein- oder aussteigt. Priorisiert wird vor allem die eigene, individuelle Situation und nicht die gesamtgesellschaftliche Bedeutung. Diese spielt aber eine große Rolle für einen konstruktiven Umgang mit dem Goldschakal.

Die meisten Menschen unserer Gesellschaft fühlen sich überhaupt nicht vom Goldschakal «betroffen». Auch eine historische Prägung in Bezug auf dieses Tier gibt es nicht. Der Goldschakal eignet sich demnach nicht für eine Polarisierung der Gesellschaft und es gibt gute Chancen, die mediale und gesellschaftliche Stimmung gegenüber dem Goldschakal zu steuern, um einen möglichst sinnvollen, konstruktiven und langfristigen Umgang mit dem Goldschakal zu fördern. Auch kann vor diesem Hintergrund durch den Goldschakal eine Chance bestehen, Menschen für die Natur zu faszinieren, was wiederum Verbindungen zu anderen Tierarten zulässt und eine Brücke für den Umgang mit der Natur positiv beeinflussen kann.

Häufig wird der Goldschakal mit Neozoen wie dem Waschbär oder dem Marderhund verglichen. Diese Tierarten wurden im Gegensatz zum Goldschakal vom Menschen aber direkt oder indirekt eingeführt. Es besteht demnach ein wesentlicher Unterschied für den Umgang mit diesen Tierarten. Dennoch ist dieser Unterschied mit einem Blick in die Zukunft nur wenig entscheidend. Sowohl der Goldschakal als auch Neozoen werden sich weiter ausbreiten und die Option, ohne diese Tierarten in Mitteleuropa zu leben, ist nicht mehr realistisch. Der einzige Weg zu einem sinnvollen Umgang mit diesen Tierarten in Mitteleuropa besteht darin, klare Managementziele und daraus abgeleitete Maßnahmen abzustimmen und festzulegen, die zu ergreifen sind, sobald eine bestimmte Wirkung der jeweiligen Tierart auf die Umwelt eintritt.

Schießen? Schützen? Managen? – Setzt sich der Mensch mit einem Tier oder der Natur auseinander, beginnt er häufig mit einer Abwägung von Nutzen, Risiken und Gefahren. Bringt mir die Tierart irgendeinen Nutzen? Bedeutet das Tier eine direkte Gefahr für Leib und Seele? Erfahre ich Nachteile durch die Präsenz einer Tierart? Sind diese Fragen abgehakt, werden Kategorien gebildet und Schubladen geöffnet. Doch auch beim Goldschakal ist ein ganzheitlicher Blick als gemeinsamer kleinster Nenner der unterschiedlichen gesellschaftlichen Haltungen für einen konstruktiven Umgang wichtig. Je nachdem, wie groß die Vor- und Nachteile sind, die von einer Tierart direkt oder indirekt für einen Menschen entstehen können, formt sich auch die Einstellung zu dieser Tierart. Wie also umgehen mit einem Tier wie dem Goldschakal?

Die Haltung zum Wolf ist in den Köpfen der Menschen durch historische und aktuelle Erfahrungen, Medien und Märchen geprägt. Fast jeder Mensch hat eine Meinung und klare Einstellungen zu diesem Tier. Auch beispielsweise beim Rothirsch entstehen klare, wertende Bilder in unseren Köpfen. Der Goldschakal hingegen kommt mit vergleichsweise leichtem «Assoziations-Gepäck» nach Mitteleuropa. Die meisten Menschen können nicht einschätzen, um was für ein Tier es sich handelt und was dieses Tier bedeuten könnte. Daher gibt es eine große Chance, mit dieser Tierart konfliktarm und konstruktiv umzugehen. Grabenkämpfen in Bezug auf Zuständigkeiten und konträren Haltungen kann vorgebeugt werden. Kommunikation und Kooperation aller Beteiligten ist dafür eine conditio sine qua non.

# Anhang

# Danksagung

Der Erarbeitung dieses Buches gingen viele Jahre an Arbeit und internationalem Austausch mit vielen verschiedenen Kolleginnen, Kollegen und anderen Menschen zu diesem Thema voraus. Für diese wertvollen, kollegialen und unterstützenden Kontakte möchten wir uns herzlich bedanken. Dieser Austausch ermöglicht, Wissen zu verbreiten, möglichst viele Personen zu erreichen und Prozesse voranzutreiben.

Bei der Erarbeitung dieses Buches durften wir von ganz unterschiedlichen Menschen unterstützt werden. Wir bedanken uns besonders bei denjenigen, die das Buch durch eigenen Inhalt ergänzten und ihre Erfahrungen mit uns teilten: Andrej Kovac, Dario Rudela, Elena Bataeva und Elena Laschenkova, Janosch Arnold, Jozo Šolić, Martin Hauser, Marino Pernar, Miha Krofel, Matija Stergar, Petar Perica, Roko Pavić, Rudi Suchant. Auch bedanken wir uns bei allen, die ihre Erfahrungen und ihre Meinung zu unseren Kapiteln mit uns geteilt haben, die Fotos und Daten zur Verfügung gestellt haben und die uns bei der Übersetzung von osteuropäischen Sprachen unterstützt haben; namentlich sind dies: Ana Galov und Ivica Bošković, Armin Hafner, Arno Puorger (Amt für Jagd und Fischerei Graubünden), Christian Hanner, Dionigi Colombo, François Meyer, Gabriel Sutter, Hanspeter Geisser, Josip Kusak, Julian Derron, Lorena Cossutta, Snježana Malić-Limari, Susanne Tulke, Ursula Sterrer und Nicole Bosshard der Stiftung KORA, Yannick Fanin, Robert Krickl, Ruben Portas. Außerdem danken wir dem Haupt Verlag, insbesondere Martin Lind, für die angenehme Zusammenarbeit.

Zum Schluss wollen wir uns herzlich bei unseren Familien, Freundinnen und Freunden bedanken. Ein großes Dankeschön für eure stetige Geduld mit uns, euer Verständnis und eure wertvolle Unterstützung!

Die Publikation dieses Buches wurde ermöglicht durch die finanzielle Unterstützung des Bundesamt für Umwelt BAFU.

Schweizerische Eidgenossenschaft
Confédération suisse
Confederazione Svizzera
Confederaziun svizra

**Bundesamt für Umwelt BAFU**

## Die Autorinnen und der Autor

Daniela Derron-Hilfiker studierte an der ETH Zürich Biologie und bildete sich im Wildtiermanagement weiter. Sie war mehrere Jahre im Bereich Herdenschutz tätig und arbeitet zurzeit für den Kanton Basel-Landschaft (Schweiz) im Wildtiermanagement. Dabei beschäftigt sie sich primär mit Raub- und Huftieren. Das Zusammenbringen von praktischer Erfahrung und wissenschaftlicher Arbeit sowie der Blick und die Zusammenarbeit über die Grenzen hinaus, sind ihr ein großes Anliegen.

Jennifer Hatlauf ist Universitätsassistentin am Institut für Wildtierbiologie und Jagdwirtschaft der Universität für Bodenkultur in Wien. Sie beschäftigt sich seit vielen Jahren mit dem Goldschakal, initiierte 2015 das «Goldschakalprojekt Österreich» sowie 2023 den «Internationalen Tag der Schakale», dessen Zweck es ist, wissenschaftliche Ergebnisse über Schakale und deren Verwandten einer interessierten Öffentlichkeit nahe zu bringen.

Felix Böcker studierte Forstwissenschaften in Freiburg (Deutschland) und arbeitet seit 2013 an der Forstlichen Versuchs- und Forschungsanstalt Baden-Württemberg im Bereich Luchs und Wolf. Seit einigen Jahren beschäftigt er sich dabei auch mit dem Goldschakal, trägt die Nachweise zusammen und steht den Bundesländern zur Beantwortung fachlicher Fragen rund um den Goldschakal zur Verfügung.

# Bildnachweis

**Aeroflot PR Departement:** S. 107; **Alamy:** Umschlagsvorderseite (Juan Carlos Muñoz), S. 29 (Eyal Bartov), 30 (Eyal Bartov); **Amt für Jagd und Fischerei Graubünden:** S. 65; **Böcker, Felix:** Umschlagsrückseite, S. 14, 18 oben und Mitte, 19 alle, 20 links, 21 oben Mitte, 23 erste Reihe alle, zweite Reihe alle, dritte Reihe Mitte, 25 oben, 32 unten, 72–73, 94, 103, 108, 121 oben, links und Mitte, 122 beide, 124, 129 unten, 133 unten; **Bošković, Ivica:** S. 105 beide; **Colombo, Dionigi:** S. 74–75; **Cossutta, Lorena:** S. 150; **Derron, Julian:** S. 52 oben, 181 oben; **Derron-Hilfiker, Daniela:** S. 20 rechts, 21 oben links, 25 unten, 26, 32 oben und Mitte, 35 unten, 46, 47 unten, 52 unten, 54 beide, 64 oben, 71, 76, 77, 78 beide, 84, 90, 91, 97 oben, 99, 100, 101, 119 rechts, 133 oben, 135 beide, 138 oben und links, 140, 141, 142, 143, 144 unten, 164 oben, 165; **Fanin, Yannick:** S. 10, 178; **Forstliche Versuchs- und Forschungsanstalt Baden-Württemberg, FVA:** S. 23 dritte Reihe rechts, vierte Reihe Mitte und links, 67, 88, 89, 98, 104, 159, 123, 129 oben, 131, 177; **Geisser, Hanspeter:** S. 64 unten; **Hafner, Armin:** S. 16, 121 rechts; **Hanner, Christian:** S. 172; **Hatlauf, Jennifer:** S. 21 oben rechts, 22 beide, 23 dritte Reihe links und Mitte; vierte Reihe rechts; 35 oben, 37, 42 rechts, 55, 60 beide, 61, 63 oben, 70, 81, 96, 97 unten, 119 links, 138 rechts, 161 unten, 164 unten, 168, 170; **Hauser, Martin:** S. 68; **Krickl, Robert:** S. 21 unten, 24, 34, 36, 42 links, 127, 131 beide 146–147, 181 Mitte; **Kusak, Josip:** S. 80; **LCIE/Kaczensky et al. 2024:** S. 59; **Meyer, François:** S. 144 oben; **Portas, Ruben:** S. 111; **Pernar, Marino:** S. 117; **Science Photo Library:** S. 50; **Shutterstock:** S. 12 oben (FDP Photography), Mitte (Stouffers See The World), unten (Joe Dordo Brnobic), 18 (WildMedia), 26 (WildMedia), 39 (Ondrej Prosicky), 40–41 (Martin Prochazkacz), 43 (czjonyyy), 49 (Dusan Vainer), 56 (WildMedia), 82 (Wildlife Photography), 108 (Wildlife Photography), 161 oben (SVshot), 166, 170 (WildMedia); **Slovenia Forest Service**: S. 149; **Stergar, Matija:** S. 156 **Stiftung KORA:** 63 unten, 66; **Sutter, Gabriel:** S. 47 oben; **Tulke, Susanne:** S. 181 unten; **Wikicommons:** S. 18 unten (CC 2.0 xulescu_g), 45 oben (CC 4.0, Uitkerke), 45 unten (CC 4.0, Giles Laurent)

# Literatur

## 1 Der Goldschakal, seine Verwandten und seine Geschichte

Castelló, J.R., Sillero-Zubiri, C. (2018). Canids of the World: Wolves, Wild Dogs, Foxes, Jackals, Coyotes, and Their Relatives. Princeton University Press.

Demeter, A., Spassov, N. (1993). Canis aureus Linnaeus, 1758. In: Krystufek, B., Obrtel, R. (Hrsg.), The Atlas of European Mammals (S. 136–137). Koper: University of Primorska.

Gopalakrishnan, S., Sinding, M.-H.S., Ramos-Madrigal, J., Niemann, J., Samaniego Castruita, J.A., Vieira, F.G., et al. (2018). Interspecific Gene Flow Shaped the Evolution of the Genus Canis. Current Biology, 28(21), 3441–3449.e5.

Hoi-Leitner, M., Kraus, E. (1989). Der Goldschakal, Canis aureus (Linnaeus 1758). Österreich (Mammalia austriaca 17). Bonner Zoologische Beiträge, 40, 197–204.

Koepfli, K.-P., Pollinger, J., Godinho, R., Robinson, J., Lea, A., Hendricks, S., Schweizer, R.M., Thalmann, O., Silva, P., Fan, Z., Yurchenko, A.A., Dobrynin, P., Makunin, A., Cahill, J.A., Shapiro, B., Álvares, F., Brito, J.C., Geffen, E., Leonard, J.A., Helgen, K.M., Johnson, W.E., O'Brien, S.J., Van Valkenburgh, B., Wayne, R.K. (2015). Genome-wide Evidence Reveals that African and Eurasian Golden Jackals Are Distinct Species. Current Biology, 25(16), Pages 2158–2165, ISSN 0960-9822, https://doi.org/10.1016/j.cub.2015.06.060.

Spassov, N. (1989). The Position of Jackals in the Genus Canis and the Life-history of the Golden Jackal (*Canis aureus*) in Bulgaria and on the Balkans. Historia Naturalis Bulgarica, 1, 44–56.

Trouwborst, A., Krofel, M., Linnell, J. D. (2015). Legal implications of range expansions in a terrestrial carnivore: the case of the golden jackal (*Canis aureus*) in Europe. Biodiversity and Conservation, 24, 2593–2610.

Viranta, S., Atickem, A., Werdelin, L., Stenseth, N.C. (2017). Rediscovering a Forgotten Canid Species. BMC Zoology, 2, 6.

## 2 Erkennungsmerkmale und Sinnesleistung


Graf, R.F., Fischer, C. (2021). Atlas der Säugetiere – Schweiz und Liechtenstein. Haupt Verlag, Schweizerische Gesellschaft für Wildtierbiologie.

Hatlauf, J., Böcker, F. (2021a). Empfehlungen zur Dokumentation und Beurteilung von Hinweisen des Goldschakals (Canis aureus) in Europa. BOKU-Berichte zur Wildtierforschung und Wildbewirtschaftung 26. Hrsg.: Institut für Wildbiologie und Jagdwirtschaft (IWJ) Universität für Bodenkultur Wien. ISBN 978-3-900932-89-3

Hatlauf, J., Krendl, L., Tintner, J., Griesberger, P., Heltai, M., Markov, G., Viranta, S., Hackländer, K. (2021b). *The canine counts! Significance of a craniodental measure to describe sexual dimorphism of canids – Golden jackals (Canis aureus) and African wolves (Canis lupaster).* Mammalian Biology, 101, 871–879. https://doi.org/10.1007/s42991-021-00133-2

Hatlauf, J., Krickl, R. (2025). *Der Goldschakal: Lebenskünstler auf leisen Pfoten – Band 1.* Aureus, Wien, ISBN: 978-3-903532-00-7.

Koepfli, K.-P., Pollinger, J., Godinho, R., Robinson, J., Lea, A., Hendricks, S., Schweizer, R.M., Thalmann, O., Silva, P., Fan, Z., Yurchenko, A.A., Dobrynin, P., Makunin, A., Cahill, J.A., Shapiro, B., Álvares, F., Brito, J.C., Geffen, E., Leonard, J.A., Helgen, K.M., Johnson, W.E., O'Brien, S.J., Van Valkenburgh, B., Wayne, R.K. (2015). Genome-wide Evidence Reveals that African and Eurasian Golden Jackals Are Distinct Species. Current Biology, Volume 25, Issue 16, 2015, Pages 2158–2165, ISSN 0960-9822, https://doi.org/10.1016/j.cub.2015.06.060.

Schwab, J.A., Kriwet, J., Weber, G.W., Pfaff, C. (2019). Carnivoran hunting style and phylogeny reflected in bony labyrinth morphometry. *Scientific Reports, 9*(1), 1–9. https://doi.org/10.1038/s41598-018-37106-4


## 3 Lebensweise


Aiyadurai, A., Jhala, Y. V. (2006). Foraging and habitat use by golden jackals (*Canis aureus*) in the Bhal region, Gujarat, India. *Journal of the Bombay Natural History Society, 103*(1), 5–12.

Amt für Jagd und Fischerei Graubünden, Jahresbericht Jagd 2018: https://www.gr.ch/DE/institutionen/verwaltung/diem/ajf/jagd/mpp/Documents/2018-JBERJ_dt_def.pdf (10.06.2025)

Amt für Jagd und Fischerei Graubünden, Jahresbericht Jagd 2019: https://www.gr.ch/DE/institutionen/verwaltung/diem/ajf/jagd/mpp/Documents/2019-JBERJ_dt_def.pdf (10.06.2025)

Banea, O. C., Krofel, M., Červinka, J., Gargarea, P., Szabó, L. (2012). New records, first estimates of densities and questions of applied ecology for jackals in Danube Delta Biosphere Reserve and hunting terrains from Romania. Acta Zoologica Bulgarica, 64(4), 353–366.

Carey, J. R., & Judge, D. S. (2000). Life Spans of Mammals, Birds, Amphibians, Reptiles, and Fish. Odense University Press.

Charaspet, K., Sukmasuang, R., Khoewsree, N., Pla-Ard, M., Songsasen, N., Simchareon, S. (2019). Movement, home range size and activity pattern of the golden jackal (*Canis aureus*, Linnaeus, 1758) in Huai Kha Khaeng Wildlife Sanctuary, Thailand. *Biodiversitas, 20*(11), 3430–3438. https://doi.org/10.13057/biodiv/d201141

Ćirović, D., Penezić, A., Milenković, M., Paunović, M. (2014). Winter diet composition of the golden jackal (Canis aureus L., 1758) in Serbia. Mammalian Biology 79: 132–137.

Ćirović, D., Penezić, A., Krofel, M. (2016) "Jackals as cleaners: Ecosystem services provided by a mesocarnivore in human-dominated landscapes." Biological Conservation 199: 51–55.

Csányi, E., Lanszki, J., Heltai, M., Pölös, M., Schally, G., & Sándor, G. (2023). The first evidence of the monogamous golden jackal's adaptive response to partner loss. Applied Animal Behaviour Science, 269, 106095.

Csányi, E., Gaál, D., Heltai, M., Pölös, M., Sándor, G., Schally, G., Lanszki, J. (2024). Home ranges of roaming golden jackals in a European forest-agricultural landscape. *The Journal of Wildlife Management, e22688*

Custers, J., Hatlauf, J., van der Niet, S., Tintoré, B., Miliou, A. (2024). The secret family life of a group of golden jackals on Samos, Greece. *Ecology and Evolution, 14*(12). https://doi.org/10.1002/ece3.70620

Demeter, A., Spassov, N. (1993). Canis aureus Linnaeus, 1758. Handbuch der Säugetiere Europas. 107–138.

de Magalhães J. P., & Costa, J. J. (2009). A database of vertebrate longevity record and their relation to other life-history traits. J Evolution Biol, 22(8), 1770–1774. Feddersen-Petersen D (1991) The ontogeny of social play and agonistic behaviour in selected canid species. Bonner Zool Beiträge 42(2): 97–114

Frangini, L., Franchini, M., Pesaro, S., Ferfolja, S., Stokel, G., Madinelli, A., Filacorda, S. (2022a). Deer for dinner! First documented predation with camera-trap of golden jackal on roe deer and subsequent kleptoparasitism by wild boar in Italy. In 3° Simposio Internazionale sullo Sciacallo.

Frangini, L., Franchini, M., Stokel, G., Madinelli, A., Pesaro, S., Ferfolja, S., Filacorda, S. (2022b). First telemetry data on golden jackal (*Canis aureus*) in Italy: Insights on the species' spatial ecology. XIII Congresso Italiano di Teriologia. *Hystrix, 33*(Suppl.).

Giannatos, G., Karypidou, A., Legakis, A., Polymeni, R (2010). Golden jackal (Canis aureus L.) diet in Southern Greece. Mamm Biol 75, 227–232. https://doi.org/10.1016/j.mambio.2009.03.003

Golani I, Keller A (1975) A longitudinal field study of the behavior of a pair of golden jackals. In: Fox MW (ed), The Wild Canids. Van Nostrand Reinhold, New York, pp 303–335

Graf, R.F., Fischer, C. (2021). Atlas der Säugetiere – Schweiz und Liechtenstein. Haupt Verlag, Schweizerische Gesellschaft für Wildtierbiologie.

Hall, N. J., Protopopova, A., Wynne, C. D. L. (2016). Olfaction in wild canids and Russian canid hybrids. In: Jezierski, T., Ensminger, J., Papet, L. E. (Eds.), *Canine Olfaction Science and Law*. CRC Press, Boca Raton, pp. 57–66.

Harris, S. (1978). Age determination in the red fox (Vulpes vulpes)–an evaluation of technique efficiency as applied to a sample of suburban foxes. Journal of Zoology, 184(1), 91–117.

Hatlauf, J., Böcker, F., Wirk, L., Collet, S., Schley, L., Szabó, L., Hackländer, K., Heltai, M. (2021a). Jackal in hide: detection dogs show first success in the quest for golden jackal (Canis aureus) scats. Mamm Res 66, 227–236. https://doi.org/10.1007/s13364-020-00537-4

Hatlauf, J., Krendl, L. M., Tintner, J., Griesberger, P., Heltai, M., Markov, G., Viranta, S., Hackländer, K. (2021b). The canine counts! Significance of a craniodental measure to describe sexual dimorphism in canids: Golden jackals (*Canis aureus*) and African wolves (*Canis lupaster*). *Mammalian Biology, 101*(6), 871–879. https://doi.org/10.1007/s42991-021-00133-2

Hatlauf, J., Lanszki, J. (2024). First dietary assessment of a generalist mesocarnivore, the golden jackal (*Canis aureus*), in Austria. *Mammalian Biology.* https://doi.org/10.1007/s42991-024-00427-1

Hatlauf, J., Krickl, R. (2025). *Der Goldschakal: Lebenskünstler auf leisen Pfoten – Band 1*. Aureus, Wien, ISBN: 978-3-903532-00-7.

Hayward, M. W., Porter, L., Lanszki, J., Kamler, J. F., Beck, J. M., Kerley, G. I., Macdonald, D. W., Montgomery, R.A., Parker, D., Scott, D.M., O'Brien, J., Yarnell, R. W. (2017). Factors affecting the prey preferences of jackals (Canidae). Mamm Biol 85, 70–82. https://doi.org/10.1016/j.mambio.2017.02.005.

Heptner, V.G. Naumov, N.P. (1998)."Mammals of the soviet union Vol. II, Part 1a: Sirenia and Carnivora (Sea Cows, Wolves, and Bears)" VG Heptner ed.: Curator, Zoological Museum Moscow State University, Moscow, Russia, 756pp.

Hoi-Leitner, M., Kraus, E. (1989). Der Goldschakal, *Canis aureus* (Linnaeus 1758), in Österreich (Mammalia austriaca 17). *Bonner Zoologische Beiträge, 40*(3/4), 197–204.

Jhala, Y., Moehlman, P. (2004). Golden jackal. In: Sillero-Zubiri, C., Hoffmann, M., & Macdonald, D. W. (Eds.), *Canids: Foxes, Wolves, Jackals and Dogs*. IUCN/SSC Canid Specialist Group, pp. 156–161.

Kamler, J.F., Minge, C., Rostro-García, S., Gharajehdaghipour, T., Crouthers, R., In, V., Pay, C., Pin, C., Sovanna, P., Macdonald, D.W. (2021).Home range, habitat selection, density, and diet of golden jackals in the Eastern Plains Landscape, Cambodia. J Mammal. 20;102(2):636–650. doi: 10.1093/jmammal/gyab014.

King, R., Lapid, R., Epstein, A., Bdolah-Abram, T., Shilo, Y. (2008). Field anesthesia of golden jackals (*Canis aureus*) with the use of medetomidine-ketamine or medetomidine-midazolam with atipamezole reversal. *Journal of Zoo and Wildlife Medicine, 39*(4), 576–581. https://doi.org/10.1638/2007-0101.1

Klamm, A, Böcker, F, Kriegsherr, D, Hatlauf, J (2024). Artenspürhunde im Monitoring des Goldschakals (Canis aureus) – Evaluierung von Einsätzen in Thüringen und Baden-Württemberg, Deutschland. Aus: Wildbiologische Forschungsberichte, Tagungsbeiträge, Erforschung, Schutz und Management von Wildtieren im Anthropozän. Herausgegeben von der Vereinigung der Wildbiologen und Jagdwissenschaftler Deutschlands (VWJD e.V.). Band 5. (2024 im Bildungshaus Zeppelin & Steinberg e.V., Goslar)

Koepfli KP, Pollinger J, Godinho R, Robinson J, Lea A, Hendricks S, Schweizer RM, Thalmann O, Silva P, Fan Z, Yurchenko AA, Dobrynin P, Makunin A, Cahill JA, Shapiro B, Álvares F, Brito JC, Geffen E,

Leonard JA, Helgen KM, Johnson WE, O'Brien SJ, Valkenburgh B van,
Wayne RK. (2015). Genome-wide evidence reveals that African and Eurasian golden jackals are distinct species. Curr Biol 25(16): 2158–2165. https://doi.org/10.1016/j.cub.2015.06.060
Kolar B, Nerz R, Ivanova T, Björn M, Siemers BM (2005) Long-Distance Vocalizations of Golden Jackals (Canis aureus, L. 1758, Mammalia : Carnivora, Canidae) in Bulgaria. Acta Zool Bulgar 57(3): 2005
Lange, P.N., Lelieveld, G.,De Knegt, H.J. (2021), Diet composition of the golden jackal Canis aureus in south-east Europe – a review. Mam Rev, 51: 207–213. https://doi.org/10.1111/mam.12235
Lanszki, J., Heltai, M., Szabo, L. (2006). Feeding habits and trophic niche overlap between sympatric golden jackal (Canis aureus) and red fox (Vulpes vulpes) in the Pannoninan ecoregion (Hungary). Canadian Journal of Zoology 84: 1647–1656.
Lanszki, J., Giannatos, G., Heltai, M., Legakis, A. (2008). Diet composition of golden jackals during cub-rearing season in Mediterranean marshland, in Greece. Mammalian Biology – Zeitschrift fur Saugetierkunde. 74. 72-75. 10.1016/j.mambio.2008.03.004.
Lanszki, J., Giannatos, G., Dolev, A., Bino, G., Heltai, M. (2010). Late autumn trophic flexibility of the golden jackal Canis aureus. Acta Theriologica 55: 361–370.
Lanszki, J., Kurys, A., Szabo, L., Nagyapati, N., Porter, L.B., Heltai, M. (2016). Diet composition of the golden jackal and the sympatric red fox in an agricultural area (Hungary).
Lanszki, J., Schally, G., Heltai, M., Ranc, N. (2018a). Golden jackal expansion in Europe: First telemetry evidence of a natal dispersal. *Mammalian Biology, 88*(2018), 81–84.
Lanszki, J., Hayward, M. W., Nagyapáti, N. (2018b). Feeding responses of the golden jackal after reduction of anthropogenic food subsidies. *PLoS ONE, 13*(12), e0208727. https://doi.org/10.1371/journal.pone.0208727
Lanszki, J., Hayward, M. W., Ranc, N., Zalewski, A. (2022). Dietary flexibility promotes range expansion: The case of golden jackals in Eurasia. Journal of Biogeography, 49(6), 993–1005.
Macdonald DW (1979) The flexible social system of the golden jackal, Canis aureus. Behav Ecol Sociobiol 5(1): 17–38. https://doi.org/10.1007/BF00302692
Markov, G., Lanszki, J. (2012). Diet composition of the golden jackal, Canis aureus in an agricultural environment. Folia Zoologica, 61(1), 44–48.
Mohammadi, A., Kaboli, M., López-Bao, J.V. (2017): Interspecific killing between wolves and golden jackals in Iran. Eur J Wildl Res 63, 61. https://doi.org/10.1007/s10344-017-1124-3F
Mukherjee, A., Kumara, H. N., Bhupathy, S. (2018). Golden jackal's underground shelters: natal site selection, seasonal burrowing activity and pup rearing by a cathemeral canid. Mammal Research, 63, 325–339.
Najar, Z. H., Bhat, B. A., Waheed, M., Haq, S. M., Alhimaidi, A. R., Amran, R. A., Ahmad, R. (2024). Understanding the seasonal dietary patterns of the golden jackal (Canis aureus) for conservation implications in the Hirpora Wildlife Sanctuary, Western Himalayas. Heliyon, 10(16).
Pantelić, I., Bogdanović, N., Breck, S., Ćirović, D. (2024). Temporal trends of home range sizes and movement patterns of peri-urban golden jackals in Belgrade, Serbia. Hystrix, the Italian Journal of Mammalogy.
Pecorella, S., De Luca, M., Fonda, F., Viviano, A., Candelotto, M., Candotto, S., et al. (2023). First record of allonursing in golden jackal (*Canis aureus*, L. 1758): A case of double breeding and communal denning within the same social unit. *European Journal of Wildlife Research, 69*(3), 43.
Radović, A., Kovačić, D. (2010). Diet composition of the golden jackal (Canis aureus L.) on the Pelješac Peninsula, Dalmatia, Croatia. Periodicum biologorum, 112(2), 219–224.
Raichev, E. G., Tsunoda, H., Newman, C., Masuda, R., Georgiev, D. M.,Kaneko, Y. (2013). The reliance of the golden jackal (Canis aureus) on anthropogenic foods in winter in central Bulgaria. Mammal Study, 38(1), 19–27.
Raichev, E., Peeva, S., Masuda, R., Kaneko, Y., Tsunoda, H., Georgiev, D. (2017). Sexual dimorphism in body parameters of the golden jackal (*Canis aureus* L., 1758) in the Sarnena Sredna Gora mountain and Tracian plain (Bulgaria). *Trakia Journal of Science, 15*(2), 135–140. https://doi.org/10.15547/tjs.2017.02.006
Raychev, E., Dimitrov, R., Dimova, T., Hristov, H. (1999). How to determine the age of the golden jackal Canis aureus by cutting-teeth atrition and ossification of basal cranial synchondroses. Bulgarian Journal of Agricultural Science, 5(5), 807–810.

Schwab JA, Kriwet J, Weber GW, Pfaff C (2019) Carnivoran hunting style and phylogeny reflected in bony labyrinth morphometry. Sci Rep 9(1): 1–9. https://doi.org/10.1038/s41598-018-37106-4

Simcharoen, S., Simcharoen, A., Hasin, S., Cuthbert, F., Smitth, J. D. (2020). Diet composition of the golden jackal (Canis aureus L.) during the dry season in west-central Thailand. Malayan Nature Journal, 72(3).

Stoyanov, S. (2012). Craniometric differentiation of golden jackals (*Canis aureus* L., 1758) in Bulgaria. *International Symposium on Hunting: Modern Aspects of Sustainable Management of Game Population,* Zemun-Belgrade, pp. 39–47.

Stoyanov, S. (2020). Body morphometrics of golden jackal in Bulgaria. *Forestry Ideas, 26*(1), 46–64.

Torretta, E., Riboldi, L., Costa, E., Delfoco, C., Frignani, E., Meriggi, A. (2021) Niche partitioning between sympatric wild canids: the case of the golden jackal (Canis aureus) and the red fox (Vulpes vulpes) in north-eastern Italy. BMC Ecol Evol. 21(1):129. doi: 10.1186/s12862-021-01860-3.

Vassilev, S., & Genov, P. (2002). On the reproduction of jackal (Canis aureus L.) in Bulgaria. Acta Zoologica Bulgarica, 54(2), 87–92.

Wandrey R (1975) Contribution to the Study of the Social Behaviour of Captive Golden Jackals (Canis aureus L.). Z Tierpsychol 39: 365–402. https://doi.org/10.1111/j.1439-0310.1975.tb00915.x

Yılmaz, C., Oruç, A., Turkozan, O. (2022). Abundance Trends and Nesting Biology of Green Turtles Chelonia mydas (Testudines: Cheloniidae) During Ten Consecutive Breeding Seasons (2012–2021) at Akyatan Beach, Turkey. Zool Stud.; 61:e53. doi: 10.6620/ZS.2022.61–53.

## 4 Vorkommen des Goldschakals

Amt für Jagd und Fischerei Graubünden, Jahresbericht Jagd 2016: https://www.gr.ch/DE/institutionen/verwaltung/diem/ajf/jagd/mpp/Documents/2016a-JBERJ_dt_BVFD.pdf

Amt für Jagd und Fischerei Graubünden, Jahresbericht Jagd 2017: https://www.gr.ch/DE/institutionen/verwaltung/diem/ajf/jagd/mpp/Documents/2017a-JBERJ_dt_def.pdf

Amt für Jagd und Fischerei Graubünden, Jahresbericht Jagd 2019: https://www.gr.ch/DE/institutionen/verwaltung/diem/ajf/jagd/mpp/Documents/2019-JBERJ_dt_def.pdf

Amt für Jagd und Fischerei Graubünden, Jahresbericht Jagd 2021: https://www.gr.ch/DE/institutionen/verwaltung/diem/ajf/jagd/mpp/Documents/20220824_def_Jagd_hosmar.pdf

Bauer, K., Suchentrunk, F. (1995). Der Goldschakal (*Canis aureus*) in Österreich. *Zeitschrift für Säugetierkunde, 60*(5), 321–326.

Böcker, F., Jokisch, S., Klamm, A. (2020). Erste Hinweise auf residente Goldschakale (Canis aureus) in Deutschland. Säugetierkundliche Informationen 57, Band 11. ISBN 978-3-00-046295-5.

Böcker, F., Weber, H. Collet, S. (2023). First documentation of golden jackal (Canis aureus) reproduction in Germany. Mamm Res 68, 249–252. https://doi.org/10.1007/s13364-022-00666-y

Böcker, F., Weber, H., Arnold, J., Collet, S., Hatlauf, J. (2024). Interspecific social interaction between golden jackal (Canis aureus) and red fox (Vulpes vulpes). Mammal Research, 69(2), 319-324.

Bulmer, L. (2015). The impact of anthropogenic disturbance on the behaviour and ecology of the golden jackal (Canis aureus). Diss. Thesis, The University of York, York, United Kingdom.

Csányi, E., Gaál, D., Heltai, M., Pölös, M., Sándor, G., Schally, G., Lanszki, J. (2024). Home ranges of roaming golden jackals in a European forest-agricultural landscape. *The Journal of Wildlife Management, e22688.*

Fenton, S., Moorcroft, P. R., Ćirović, D., Lanszki, J., Heltai, M., Cagnacci, F., et al. (2021). Movement, space-use and resource preferences of European golden jackals in human-dominated landscapes: insights from a telemetry study. Mammalian Biology, 101, 619–630.

Frangini, L., Franchini, M., Stokel, G., Madinelli, A., Pesaro, S., Ferfolja, S., Filacorda, S. (2022a). First telemetry data on golden jackal (*Canis aureus*) in Italy: Insights on the species' spatial ecology. XIII Congresso Italiano di Teriologia. *Hystrix, 33*(Suppl.).

Frangini, L., Sterrer, U., Franchini, M., Pesaro, S., Rüdisser, J., Filacorda, S. (2022b). Stay home, stay safe? High habitat suitability and environmental connectivity increases road mortality in a colonizing mesocarnivore. Landscape Ecology, 37(9), 2343–2361.

Giannatos, G. (2004). Conservation Action Plan for the golden jackal Canis aureus L. in Greece. WWF Greece. pp. 47

Hatlauf, J., Hackländer, K., Suppan, F.(2016). Potenzieller Lebensraum des Goldschakals – Status, Habitatfaktoren und Modellierungsansatz. Säugetierkundliche Informationen 10(51): 133–153

Hatlauf, J., Hackländer, K. (2016b). Preliminary results of golden jackal (*Canis aureus*) survey in Austria. *Beiträge zur Jagd- und Wildforschung, 41*, 295–306.

Hatlauf, J., Bayer, K., Trouwborst, A., Hackländer, K. (2021a). *New rules or old concepts? The golden jackal (Canis aureus) and its legal status in Central Europe*. European Journal of Wildlife Research, 67(2), 25. https://doi.org/10.1007/s10344-020-01454-2

Hatlauf, J. (2024). Urban encounter: First confirmed record of a golden jackal (*Canis aureus*) in Vienna, Austria. *Die Bodenkultur, 75*(1). https://doi.org/10.2478/boku-2024-0001

Hatlauf, J., Krickl, R. (2025). *Der Goldschakal: Lebenskünstler auf leisen Pfoten – Band 1*. Aureus, Wien, ISBN: 978-3-903532-00-7.

Herzig-Straschil, B. (2008). Short note: First breeding record of the golden jackal (*Canis aureus* L., 1758, Canidae) in Austria. *Annalen des Naturhistorischen Museums in Wien, 109 B*, 73–76.

Hoffmann, M., Atickem, A. (2018). *Canis aureus*. In: *The IUCN Red List of Threatened Species 2018: e.T118264161A46194820.* https://doi.org/10.2305/IUCN.UK.2018-2.RLTS.T118264161A46194820.en

Hoi-Leitner, M., Kraus, C. (1989). Der erste Nachweis des Goldschakals (*Canis aureus*) in Österreich. *Zeitschrift für Säugetierkunde, 54*(6), 377–378.

Jenks, K. E., Aikens, E. O., Songsasen, N., Calabrese, J., Fleming, C., Bhumpakphan, N., Wanghongsa, S., Kanchanasaka, B., Songer, M., Leimgruber, P. (2015). Comparative movement analysis for a sympatric dhole and golden jackal in a human-dominated landscape. Raffles Bulletin of Zoology, 63, 546–554.

Kaczensky, P., Ranc, N., Hatlauf, J., Payne, J.C., et al. (2024). *Large carnivore distribution maps and population updates 2017–2022/23*. Report to the European Commission under contract N° 09.0201/2023/907799/SER/ENV.D.3 "Support for Coexistence with Large Carnivores," "B.4 Update of the distribution maps." IUCN/SSC Large Carnivore Initiative for Europe (LCIE) and Istituto di Ecologia Applicata (IEA). DataDryad. https://doi.org/10.5061/dryad.3xsj3txrc

Klamm, A. (2020). Nachweis des Goldschakals Canis aureus im Nationalpark „Hainich". Landschaftspflege und Naturschutz in Thüringen, 56(2), 125–127.

Klamm, A., Böcker, F., Kriegsherr, D., Hatlauf, J. (2024). Artenspürhunde im Monitoring des Goldschakals (Canis aureus) – Evaluierung von Einsätzen in Thüringen und Baden-Württemberg, Deutschland. Aus: Wildbiologische Forschungsberichte, Tagungsbeiträge, Erforschung, Schutz und Management von Wildtieren im Anthropozän. Herausgegeben von der Vereinigung der Wildbiologen und Jagdwissenschaftler Deutschlands (VWJD e.V.). Band 5. (2024 im Bildungshaus Zeppelin & Steinberg e.V., Goslar)

Landesjägerschaft Niedersachsen (2022). Goldschakal – erste Reproduktion in Niedersachsen. https://www.ljn.de/ueber-uns/aktuelles/news-artikel/news/goldschakal (abgerufen am 22.09.24).

Macdonald, D. W. (1979). The flexible social system of the golden jackal, Canis aureus. Behavioral Ecology and Sociobiology, 5, 17–38.

Markov, G. (2012). Golden Jackal (Canis aureus L.) in Bulgaria: what is going on. Acta zoologica bulgarica, 64(Suppl 4), 67–71.

Medienmitteilung Kanton FR, 2019, Direktion der Institutionen und der Land- und Forstwirtschaft, Kanton Freiburg, Tot aufgefundener Goldschakal, nach Verkehrsunfall

Möckel, R., Podany, M. (2015). Weitere Nachweise des Goldschakals Canis aureus in Deutschland. Säugetierkdl Inform 10(50):97–104

Mukherjee, A., Kumara, H. N., Bhupathy, S. (2018). Golden jackal's underground shelters: natal site selection, seasonal burrowing activity and pup rearing by a cathemeral canid. Mammal Research, 63, 325–339.

Pantelić, I., Bogdanović, N., Breck, S., Ćirović, D. (2024). Temporal trends of home range sizes and movement patterns of peri-urban golden jackals in Belgrade, Serbia. Hystrix, the Italian Journal of Mammalogy.

Pillay, R., Johnsingh, A. J. T., Raghunath, R., & Madhusudan, M. D. (2011). Patterns of spatiotemporal change in large mammal distribution and abundance in the southern Western Ghats, India. Biological Conservation, 144(5), 1567–1576.

Potočnik, H., Črtalič, J., Stronen, A., Ćirović, D., Pantelić, I., Hatlauf, J. (2024). Dispersal and settlement of a golden jackal in an Alpine environment – preliminary report. In: Hatlauf, J., Krickl, R. (Eds), WORLD JACKAL DAY Proceedings: 2nd World Jackal Day 19.04.2024

Pyšková, K., Kauzál, O., Storch, D., Horáček, I., Pergl, J., Pyšek, P. (2018). Carnivore distribution across habitats in a central-European landscape: a camera trap study. ZooKeys, (770), 227.

Reifler-Bächtiger, M., Suter, S., Jakob, M., Sigrist, B.,- Stephani, A. (2021). AniMot – Prototypen des neuen Wildwarnsystems im Praxistest. Zürcher Hochschule für Angewandte Wissenschaften ZHAW, Wädenswil

Rezaei, S., Mohammadi, A., Bencini, R., Rooney, T., Naderi, M. (2022). Identifying connectivity for two sympatric carnivores in human-dominated landscapes in central Iran. Plos one, 17(6), e0269179.

Rotem, G., Berger, H., King, R., Saltz, D. (2011). The effect of anthropogenic resources on the space-use patterns of golden jackals. The Journal of Wildlife Management, 75(1), 132–136.

Šálek, M., Červinka, J., Banea, O. C., Krofel, M., Ćirović, D., Selanec, I., Penezić, A., Grill, S., Riegert, J. (2014). Population densities and habitat use of the golden jackal (Canis aureus) in farmlands across the Balkan Peninsula. European Journal of Wildlife Research, 60, 193–200.

Spassov, N., Acosta-Pankov, I. (2019). *Dispersal history of the golden jackal (Canis aureus) in Europe and possible causes of its recent population explosion.* Biodiversity Data Journal, 7, e34825. https://doi.org/10.3897/BDJ.7.e34825

Stoyanov, S. (2012). Golden jackal (Canis aureus) in Bulgaria. Current status, distribution, demography and diet. In Proceedings from the 2nd international symposium on hunting 'modern aspects of sustainable management of game population', Zemun-Belgrade, Serbia (pp. 22–24).

Suß, L., Hatlauf, J. (2024). Focus on carnivore communities: photo traps and data analysis in biodiversity research. *Acta Zoobot, 160.*

Szabó, L., Heltai, M., Lanszki, J., Lehoczki, R. (2009). Expansion range of the golden jackal in Hungary between 1997 and 2006. *Mammalia, 73*(4), 307–311.

Szabó, L. (2016). Study of population changing and habitat use of the golden jackal (Canis aureus Linnaeus 1758) (Doctoral dissertation, Ph. D. Theses, Gödöllő).

Tillmann, J.E. (2020). Der Goldschakal in Deutschland. Naturschutz Und Landschaftsplanung 52(09):2020

Torretta, E., Dondina, O., Delfoco, C., Riboldi, L., Orioli, V., Lapini, L., Meriggi, A. (2020). First assessment of habitat suitability and connectivity for the golden jackal in north-eastern Italy. Mammalian Biology, 100, 631-643.

Tóth, T., Krecsák, L., Szűcs, E., Heltai, M.,Huszár, G. (2009). Records of the golden jackal (Canis aureus Linnaeus, 1758) in Hungary from 1800th until 2007, based on a literature survey. North-Western Journal of Zoology, 5(2), 386-405.

Tsunoda, H., Newman, C., Peeva, S., Raichev, E., Buesching, C. D., Kaneko, Y. (2020). Spatio-temporal partitioning facilitates mesocarnivore sympatry in the Stara Planina Mountains, Bulgaria. Zoology, 141, 125801.

Weingarth, K., Gahbauer, M., Heurich, M., Müller, J., Leibl, F. (2012). Expertenbestätigter Goldschakal (Canis aureus) im Nationalpark Bayerischer Wald, Deutschland. Säugetierkundliche Informationen, Jena 8, H. 45 (2012) 443-446.

Yusefi, G. H., Godinho, R., Khalatbari, L., Broomand, S., Fahimi, H., Martínez-Freiría, F., Alvares, F. (2021). Habitat use and population genetics of golden jackals in Iran: Insights from a generalist species in a highly heterogeneous landscape. Journal of Zoological Systematics and Evolutionary Research, 59(7), 1503-1515.

## 5 Bedeutung des Goldschkals im Ökosystem

Banea, O. C., Farkas, A., Stoyanov, S., Ćirović, D., Jánoska, F., Selanec, I., Hackländer, K. (2018). Red fox and golden jackal hunting bag differences in countries from Central and Southeastern Europe. Population trend and management aspects. In Proceedings of the 2nd International Symposium on jackals and related species. Hellenic Zoological Society, Marathon Bay-Attica (pp. 121-122).

Böcker, F., Weber, H., Arnold, J., Collet, S., Hatlauf, J. (2024). Interspecific social interaction between golden jackal (Canis aureus) and red fox (Vulpes vulpes). Mammal Research, 69(2), 319-324.

Burbaiteė, L., Csányi, S. (2009). Roe deer population and harvest changes in Europe. Estonian Journal of Ecology, 58(3).

Ćirović, D., Penezić, A., Krofel, M. (2016). Jackals as cleaners: Ecosystem services provided by a mesocarnivore in human-dominated landscapes. Biological Conservation, 199, 51-55.

Chapman, R. N., Gause, G. F. (1935). The struggle for existence. Ecology, 16(4), 656-657.

Elmhagen, B., Ludwig, G., Rushton, S. P., Helle, P., Lindén, H. (2010). Top predators, mesopredators and their prey: interference ecosystems along bioclimatic productivity gradients. Journal of Animal Ecology, 79(4), 785-794.

Farkas, A., Jánoska, F., Fodor, J. T., Náhlik, A. (2017). The high level of nutritional niche overlap between red fox (Vulpes vulpes) and sympatric golden jackal (Canis aureus) affects the body weight of juvenile foxes. European Journal of Wildlife Research, 63, 1-4.

Filacorda, S., Comin, A., Franchini, M., Frangini, L., Pesaro, S., Pezzin, E. N., Prandi, A. (2021). Cortisol in hair: do habitat fragmentation and competition with golden jackal (Canis aureus) measurably affect the long-term physiological response in European wildcat (Felis silvestris)?. In Annales Zoologici Fennici (Vol. 59, No. 1, pp. 1-16). Finnish Zoological and Botanical Publishing Board.

Franchini, M., Frangini, L., Stokel, G., Badalucco, A., Filacorda, S. (2022). I'm in charge here! Effect of the golden jackal presence on the behaviour of other smaller-sized competitors in a neo-colonization area of north-eastern Italy. In XII Congresso Italiano di Teriologia.

Freedman, A. H., Gronau, I., Schweizer, R. M., Ortega-Del Vecchyo, D., Han, E., Silva, P. M., Galaverni, M., Fan, Z., Marx, P., Lorente-Galdos, B., Beale, H., Ramirez, O., Hormozdiari, F., Alkan, C., Vilà, C., Squire, K., Geffen, E., Kusak, J., Boyko, A.R., Parker, H.G., Lee, C., Tadigotla, V., Siepel, A., Bustamante, C.D., Harkins, T. T., Stanley, F. N., Ostrander, E. A., Marques-Bonet, T., Wayne, R.K., Novembre, J. (2014). Genome sequencing highlights the dynamic early history of dogs. PLoS genetics, 10(1), e1004016.

Galov, A., Fabbri, E., Caniglia, R., Arbanasić, H., Lapalombella, S., Florijančić, T., Bošković, I., Galaverni, M., Randi, E. (2015). First evidence of hybridization between golden jackal (Canis aureus) and domestic dog (Canis familiaris) as revealed by genetic markers. Royal Society Open Science, 2(12), 150450.

Giannatos, G. (2004). Conservation Action Plan for the golden jackal Canis aureus L. in Greece. WWF Greece. pp. 47

Hatlauf, J., Heltai, M., Duscher, T. (2018). Der Goldschaka – Daten und Fakten. Umbruch Jagd 02.03.2018

Heurich, M. (2019). „Wolf, Luchs und Bär in der Kulturlandschaft.“ Konflikte, Chancen, Lösungen im Umgang mit großen Beutegreifern. Praxisbibliothek Naturschutz und Landschaftsplanung, herausgegeben von Prof. Dr. E. Jedicke. Ulmer-Verlag, Stuttgart.

Jaklič, A., Potočnik, H. (2022). Interspecific interactions between golden jackals (Canis aureus) and other mesocarnivores at bait stations in Ljubljansko barje. Natura Sloveniae, 24(2), 45–53.

Kaasikuv, T., Männil, P.,Rannap, R. (2022). The effect of the golden jackal on nest survival of ground-breeding birds in Estonian coastal grasslands. In Heltai, M. (Ed.) 3rd International Jackal Symposium,
02–04 November 2022, Gödöllő, Hungary: Abstract Book. Gödöllő: MATE Institute for Wildlife Management and Nature Conservation pp. 17.

Krofel, M., Giannatos, G., Cirovic, D., Stoyanov, S., Newsome, T. (2017). Golden jackal expansion in Europe: a case of mesopredator release triggered by continent-wide wolf persecution? Hystrix, the Italian Journal of Mammalogy, 28 (1), 9–15. https://doi.org/10.4404/hystrix-28.1-11819

Krofel, M., Hočevar, L., Fležar, U., Topličanec, I., Oliveira, T. (2022). Golden jackal as a new kleptoparasite for Eurasian lynx in Europe. Global Ecology and Conservation, 36, e02116.

Lanszki, J., Heltai, M. (2002). Feeding habits of golden jackal and red fox in south-western Hungary during winter and spring. Mammalian Biology, 67(3), 129–136.

Lanszki, J., Heltai, M., Szabó, L. (2006). Feeding habits and trophic niche overlap between sympatric golden jackal (Canis aureus) and red fox (Vulpes vulpes) in the Pannonian ecoregion (Hungary). Canadian Journal of Zoology, 84(11), 1647–1656.

Mengüllüoğlu, D., Ambarlı, H., Berger, A., Hofer, H. (2018). Foraging ecology of Eurasian lynx populations in southwest Asia: Conservation implications for a diet specialist. Ecology and Evolution, 8(18), 9451–9463.

Mohammadi, A., Kaboli, M., López-Bao, J. V. (2017). Interspecific killing between wolves and golden jackals in Iran. European journal of wildlife research, 63, 1–5.

Moura, A. E., Tsingarska, E., Dąbrowski, M. J., Czarnomska, S. D., Jędrzejewska, B., Pilot, M. (2014). Unregulated hunting and genetic recovery from a severe population decline: the cautionary case of Bulgarian wolves. Conservation Genetics, 15, 405–417.

Ninausz, N., Fehér, P., Csányi, E., Heltai, M., Szabó, L., Barta, E., Kemenszky, P., Sándor, G., Jánoska, F., Horváth, M., Kusza, S., Frank, K., Varga, L.,Stéger, V. (2023). White and other fur colourations and hybridization in golden jackals (Canis aureus) in the Carpathian basin. Scientific Reports, 13(1), 21969.

Prugh, L.R., Stoner, C.J., Epps, C.W., Bean, W.T., Ripple, W.J., Laliberte, A.S., Brashares, J.S. (2009). The rise of the mesopredator. Bioscience, 59(9), 779–791.

Raichev, E.G., Tsunoda, H., Newman, C., Masuda, R., Georgiev, D.M., Kaneko, Y. (2013). The reliance of the golden jackal (Canis aureus) on anthropogenic foods in winter in central Bulgaria. Mammal Study, 38(1), 19–27.

Raichev, E. (2020). Golden jackal (Canis aureus Linnaeus, 1758) and Red fox (Vulpes vulpes Linnaeus, 1758) population dynamics in Sarnena Sredna Gora Mts., Bulgaria based on hunting statistics. Bulgaria based on hunting statistics. ZooNotes, 169, 1–3.

Saunders, G.R., Gentle, M.N., Dickman, C.R. (2010). The impacts and management of foxes Vulpes vulpes in Australia. Mammal review, 40(3), 181–211.

Scheinin, S., Yom-Tov, Y., Motro, U., Geffen, E. (2006). Behavioural responses of red foxes to an increase in the presence of golden jackals: a field experiment. Animal behaviour, 71(3), 577–584.

Scott Mills, L. (2012). Conservation of wildlife populations: demography, genetics, and management. John Wiley & Sons.

Shamoon, H., Saltz, D., Dayan, T. (2017). Fine-scale temporal and spatial population fluctuations of medium sized carnivores in a Mediterranean agricultural matrix. Landscape Ecology, 32, 1243–1256.

Spassov, N., Acosta-Pankov, I. (2019). Dispersal history of the golden jackal (Canis aureus moreoticus Geoffroy, 1835) in Europe and possible causes of its recent population explosion. Biodiversity data journal, 7.

Suss, L., Hatlauf, J. (2024). Focus on carnivore communities: photo traps and data analysis in biodiversity research. Acta Zoobot.

Torretta, E., Riboldi, L., Costa, E., Delfoco, C., Frignani, E., Meriggi, A. (2021). Niche partitioning between sympatric wild canids: the case of the golden jackal (Canis aureus) and the red fox (Vulpes vulpes) in north-eastern Italy. BMC Ecology and Evolution, 21(1), 129.

Trouwborst, A., Krofel, M., Linnell, J. D. (2015). Legal implications of range expansions in a terrestrial carnivore: the case of the golden jackal (Canis aureus) in Europe. Biodiversity and Conservation, 24, 2593–2610.

Tsunoda, H., Raichev, E. G., Newman, C., Masuda, R., Georgiev, D. M., Kaneko, Y. (2017). Food niche segregation between sympatric golden jackals and red foxes in central Bulgaria. Journal of Zoology, 303(1), 64–71.

Tsunoda, H., Ito, K., Peeva, S., Raichev, E., Kaneko, Y. (2018). Spatial and temporal separation between the golden jackal and three sympatric carnivores in a human-modified landscape in central Bulgaria. Zoology and Ecology, 28(3), 172–179.

Tsunoda, H., Newman, C., Peeva, S., Raichev, E., Buesching, C. D., Kaneko, Y. (2020). Spatio-temporal partitioning facilitates mesocarnivore sympatry in the Stara Planina Mountains, Bulgaria. Zoology, 141, 125801.

Tsunoda, H. (2022). Niche overlaps and partitioning between Eurasian golden jackal Canis aureus and sympatric red fox Vulpes vulpes. In Proceedings of the Zoological Society (Vol. 75, No. 2, pp. 143–151). New Delhi: Springer India.

Vlasseva, A., Chassovnikarova, T., Mitkovska, V., Dimitrov, H. (2020). Compensatory increase of the reproductive capacity of the red fox Vulpes vulpes (L., 1758) in sympatric coexistence with the golden jackal Canis aureus L., 1758. Acta Zool Bulg, 15, 217–222.

Wurster, D. H., Benirschke, K. (1968). Comparative cytogenetic studies in the order Carnivora. Chromosoma, 24(3), 336–382.

## 6 Management des Goldschakals

Abd Rabou, A.F.N., Elkahlout, K.E., Almabhouh, F.A., Mohamed, W.F., Khalaf, N.A., Al-Sadek, M. A., Alfarra, R.N., Al-Moqayed, L.T., Shafei, A.A., Fayyad, N.A., Adeem, B.S., Dardona, A.W., Awad, A.S., Al-Agha, M.R., Abd Rabou, M.A. (2021). Occurrence and some ecological aspects of the Golden Jackal (Canis aureus Linnaeus, 1758) in the Gaza Strip, Palestine. Open Journal of Ecology, 11(2), 105–125.

Amt für Jagd und Fischerei Graubünden, Jahresbericht Jagd 2017: https://www.gr.ch/DE/institutionen/verwaltung/diem/ajf/jagd/mpp/Documents/2017a-JBERJ_dt_def.pdf

Amt für Jagd und Fischerei Graubünden, Jahresbericht Jagd 2019: https://www.gr.ch/DE/institutionen/verwaltung/diem/ajf/jagd/mpp/Documents/2019-JBERJ_dt_def.pdf

Banea, O.C., Farkas, A., Stoyanov, S., Ćirović, D., Jánoska, F., Selanec, I., Hatlauf, J., Hackländer, K. (2018). Red fox and golden jackal hunting bag differences in countries from central and south-eastern Europe. Population trend and management aspects. Proceedings of the 2nd International Jackal Symposium, Hell. Zool. Arch., 9, 118–119.

Böcker, F., Weber, H., Collet, S. (2023). First documentation of golden jackal (Canis aureus) reproduction in Germany. Mammal Research, Volume 68, pages 249–252.

Böcker, F., Weber, H., Arnold, J., Collet, S., Hatlauf, J. (2024). Interspecific social interaction between golden jackal (Canis aureus) and red fox (Vulpes vulpes). Mammal Research 69(6). DOI: 10.1007/s13364-024-00737-2.

Bošković, I., Šperanda, M., Florijančić, T., Šprem, N., Ozimec, S., Degmečić, D., Jelkić, D. (2013). Dietary habits of the golden jackal (Canis aureus L.) in the Eastern Croatia. Agriculturae Conspectus Scientificus, 78(3), 245–248.

Boyce, M.S., Sinclair, A.R.E., White, G.C. (1999). Seasonal compensation of predation and harvesting. Oikos, 419–426.

Bijl, H., Schally, G., Márton, M., Heltai, M., Csányi, S. (2024). From invaders to residents: The golden jackal (Canis aureus) expansion in Hungary since the mid-1990s. Plos one, 19(7), e0306489.

Bruns, A., Waltert, M., Khorozyan, I. (2020). The effectiveness of livestock protection measures against wolves (Canis lupus) and implications for their co-existence with humans. Global Ecology and Conservation, 21, e00868.

Černe, R., Miha, K., Sila, A., Molinari, P., Kusak, J. (2019). Handbuch zur Untersuchung von Raubtierrissen. Slov. For. Serv. – LIFE DINALP BEAR Proj.

Ćirović, D., Penezić, A., Krofel, M. (2016). Jackals as cleaners: Ecosystem services provided by a mesocarnivore in human-dominated landscapes. Biological Conservation, 199, 51–55. https://doi.org/10.1016/j.biocon.2016.04.027

Csányi S. (2022). The story of the golden jackal in numbers: from the return to the conquest of Hungary. In Heltai, M. (Ed.) 3rd International Jackal Symposium, 02-04 November 2022, Gödöllő, Hungary: Abstract Book. Gödöllő: MATE Institute for Wildlife Management and Nature Conservation pp. 17.

Dale, T.F. (1906). The Fox (Fur, Feather and Fin Series). Longmans, Green, and Co. pp. 181–193.

Darrow, P. A., Shivik, J. A. (2009). Bold, shy, and persistent: variable coyote response to light and sound stimuli. Applied Animal Behaviour Science, 116(1), 82–87.

Derron-Hilfiker, D., Mettler, D. (2022). Llamas for livestock protection – experience and recommondations; Carnivore damage prevention (CDP) News, Issue 24

Dolev, A., Goldshtein, H., Federman, R., Shapira, I.S.O., Saltz, D., King, R. (2022). Controlling Overabundance Jackal Populations: from Theory to Practice. In Heltai, M. (Ed.) 3rd International Jackal Symposium, 02-04 November 2022, Gödöllő, Hungary: Abstract Book. Gödöllő: MATE Institute for Wildlife Management and Nature Conservation pp. 17.

Fanin, Y., Pesaro, S. T., Filacorda, S. T., Pieri, M. (2018). Golden jackal (Canis aureus moreoticus Geoffroy, 1835) predatory behaviour and carcass consumption of livestock in North East Italy. In Proceedings of the 2nd International Jackal Symposium, Marathon Bay, Attiki Greece.

Fleming, P. A., Dundas, S. J., Lau, Y. Y., Pluske, J. R. (2016). Predation by red foxes (Vulpes vulpes) at an outdoor piggery. Animals, 6(10), 60.

Frangini, L., Sterrer, U., Franchini, M., Pesaro, S., Rüdisser, J., Filacorda, S. (2022). Stay home, stay safe? High habitat suitability and environmental connectivity increases road mortality in a colonizing mesocarnivore. Landscape Ecology, 37(9), 2343–2361.

Franklin, W.L., Powell, K.J. (2006). Guard llamas – a part of integrated sheep protection. Iowa state university. The Camelid Quarterly.

Galov, A., Fabbri, E., Caniglia, R., Arbanasić, H., Lapalombella, S., Florijančić, T., Bošković, I., Galaverni, M., Randi, E. (2015). First evidence of hybridization between golden jackal (Canis aureus) and domestic dog (Canis familiaris) as revealed by genetic markers. R. Soc. open sci. 2: 150450. http://dx.doi.org/10.1098/rsos.150450

Gehring, T. M., VerCauteren, K. C., Landry, J. M. (2010). Livestock protection dogs in the 21st century: is an ancient tool relevant to modern conservation challenges?. BioScience, 60(4), 299–308.

Gervasi, V., Guberti, V. (2022). Combining hunting and intensive carcass removal to eradicate African swine fever from wild boar populations. Preventive Veterinary Medicine, 203, 105633. https://doi.org/10.1016/j.prevetmed.2022.105633

Giannatos, G. (2004). Conservation Action Plan for the golden jackal Canis aureus L. in Greece. WWF Greece. pp. 47

Giannatos, G., Marinos, Y., Maragou, P., Catsadorakis, G. (2005). The status of the golden jackal (Canis aureus L.) in Greece. Belgian journal of zoology, 135(2), 145.

Giannatos, G., Karypidou, A., Legakis, A., Polymeni, R. (2010). Golden jackal (Canis aureus L.) diet in Southern Greece. Mammalian Biology, 75, 227–232.

Giudicelli, C., Giudicelli, B. (2013). Lamas et alpagas: les connaître, les élever. Available: http://christiane.giudicelli.free.fr/livre.html.

Hatlauf, J., Hackländer, K. (2016). Preliminary results of golden jackal (Canis aureus) survey in Austria. Beiträge zur Jagd- und Wildforschung 41: 295–306

Hatlauf, J., Böcker, F., Wirk, L., Collet, S., Schley, L., Szabó, L., Hackländer, K., Heltai, M. (2021c). Jackal in hide: detection dogs show first success in thequest for golden jackal (Canis aureus) scats. MammRes 66, 227–236. https://doi.org/10.1007/s13364-020-00537-4

Hatlauf, J., Böcker, F. (2021). Empfehlungen zur Dokumentation und Beurteilung von Hinweisen des Goldschakals (Canis aureus) in Europa. BOKU-Berichte zur Wildtierforschung und Wildbewirtschaftung 26. Hrsg.: Institut für Wildbiologie und Jagdwirtschaft (IWJ) Universität für Bodenkultur Wien. ISBN 978-3-900932-89-3

Hatlauf, J., Bayer, K., Trouwborst, A., Hackländer, K. (2021a). *New rules or old concepts? The golden jackal (Canis aureus) and its legal status in Central Europe*. European Journal of Wildlife Research, 67(2), 25. https://doi.org/10.1007/s10344-020-01454-2 Hatt, R.T. (1959). "The mammals of Iraq." Museum of Zoology, University of Michigan.

Heptner, V.G. Naumov, N.P. (1998)."Mammals of the soviet union Vol. II, Part 1a: Sirenia and Carnivora (Sea Cows, Wolves, and Bears)" VG Heptner ed.: Curator, Zoological Museum Moscow State University, Moscow, Russia, 756pp.

Hoffmann, M., Arnold, J., Duckworth, J.W., Jhala, Y., Kamler, J.F., Krofel, M. (2018). Canis aureus. The IUCN Red List of Threatened Species 2018: e.T118264161A46194820.

Jayaweera, U., Seneviratne, S., Jayaratne, C. (2024). The Way of the Jackal – The Untold Story of Sri Lanka´s Wild Dog. Laboratory of Molecular Ecology & Evolution, Departement of Zoology & Environment Sciences, University of Colombo, Colombo 03.

Jenkins, D.J., Noad, B. (2003). Guard animals for livestock protection: existing and potential use in Australia (44 pp). Orange, NSW, Australia: NSW Agriculture.

Kalandarishvili, A., Feher, A., Katona, K., Feher, A. (2024). Differences in livestock consumption by grey wolf, golden jackal, coyote and stray dog revealed by a systematic review. Hystrix Ital. J. Mammal.

Kemenszky, P., Jánoska, F., Nagy, G., Csivincsik, Á. (2021). The golden jackal (Canis aureus) and the African swine fever pandemic: Its role is controversial but not negligible (a diet analysis study). Veterinary Medicine and Science, 1–7. https://doi.org/10.1002/vms3.636

Kimmig, S.E. (2021). The ecology of red foxes (Vulpes vulpes) in urban environments. Inaugural-Dissertation, Departement of Biology, Chemistry, Pharmacy of Freie Universität Berlin. https://refubium.fu-berlin.de/bitstream/handle/fub188/32478/Dissertation_Kimmig.pdf?sequence=4

Klaus, R., Graf, R., Schnidrig-Petrig, R. (2022). Wildtiermanagement: eine Einführung. Haupt Verlag.

Klamm, A., Böcker, F., Kriegsherr, D., Hatlauf, J. (2024). Artenspürhunde im Monitoring des Goldschakals (Canis aureus) – Evaluierung von Einsätzen in Thüringen und Baden-Württemberg, Deutschland. Aus: Wildbiologische Forschungsberichte, Tagungsbeiträge, Erforschung, Schutz und Management von Wildtieren im Anthropozän. Herausgegeben von der Vereinigung der Wildbiologen und Jagdwissenschaftler Deutschlands (VWJD e.V.). Band 5. (2024 im Bildungshaus Zeppelin & Steinberg e.V., Goslar).

Knowlton, F.F., Gese, E.M.,Jaeger, M.M. (1999). Coyote depredation control: an interface between biology and management. Journal of Range Management 52(2), 398–412. https://doi.org/10.2307/4003765

Koepfli, K. P., Pollinger, J., Godinho, R., Robinson, J., Lea, A., Hendricks, S., Schweizer, R.M., Thalman, O., Silva, P., Fan, Z., Yurchenko, A., A., Dobrynin, P., Makunin, A., Cahill, J., A., Shapiro, B., Alvares, F., Brito, J.C., Geffen, E., Leonard, J.A., Helgen, K. M., Johnson, W.E., O'Brien, S.J., Van Valkenburgh, B., Wayne, R.K. (2015). Genome-wide evidence reveals that African and Eurasian golden jackals are distinct species. Current biology, 25(16), 2158–2165.

Lanszki, J., Giannatos, G., Dolev, A., Bino, G., Heltai, M. (2010), Late autumn trophic flexibility of the golden jackal Canis aureus. Acta Theriologica 55: 361–370.

Lanszki, J., Kurys, A., Heltai, M., Csányi, S., Ács, K. (2015). Diet composition of the golden jackal in an area of intensive big game management. In Annales Zoologici Fennici (Vol. 52, No. 4, pp. 243–255). Finnish Zoological and Botanical Publishing Board.

Lanszki, J., Hayward, M. W., Nagyapáti, N. (2018). Feeding responses of the golden jackal after reduction of anthropogenic food subsidies. PLoS ONE, 13(12), e0208727. https://doi.org/10.1371/journal.pone.0208727

Lüthi, R., Hilfiker, D., Tolon, V., Landry, JM. (2017).

Wolf behaviour towards electric fences used in agriculture, Carnivore damage prevention (CDP) News, Issue 13

Macdonald, D.W. (1979). The flexible social system of the golden jackal, Canis aureus. Behavioral Ecology and Sociobiology, 5: 17–38.

Marinov, M., Ionică, A., Mihalca, A., Alexe, V., Doroșencu, A., Tudor, M., Botond, K., Bolboacă, L. (2022). New insights into the trophobiology and human perception of the golden jackal Canis aureus Linnaeus, 1758 (Mammalia: Canidae) in the Danube Delta and surroundings: between Myth and Reality. Acta Zool Bulg, 74, 103–110.

Markham, D., Hilton, P., Hochsprung, D., Schreiner, D. (1995). Guard llamas: an alternative for effective predator management. International Llama Association Educational Brochure 2.

Markov, G. (2012). Golden Jackal (Canis aureus L.) in Bulgaria: what is going on. Acta zoologica bulgarica, 64(Suppl 4), 67–71.

McLeod, L. J., Saunders, G. R., McLeod, S. R., Dawson, M., van de Ven, R. (2010). The potential for participatory landscape management to reduce the im pact of the red fox (Vulpes vulpes) on lamb production. Wildlife Research, 37(8), 695–701.

Meadows, L.E., Knowlton, F.F. (2000). Efficacy of guard llamas to reduce canine predation on domestic sheep. Wildlife Society Bulletin 28, 614 – 622.

Mettler, D. (2019). Nutztierhaltung und grosse Beutegreifer – Konfliktfeld Landwirtschaft. In Wolf, Luchs, Bär in der Kulturlandschaft. Konflikte, Chancen, Lösungen im Umgang mit grossen Beute greifern. Hrsg. Heurich M. 2019. Eugen Ulmer KG, Stuttgart, Germany.

Mettler, D., Schiess, A. (2020). "Wolfschutzzäune auf Kleinviehweiden", AGRIDEA Merkblatt, Eschikon 28, 8315 Lindau

Mettler, D., Schiess, A. (2021). "Herdenschutzmassnahmen für Rindvieh auf Sömmerungsweiden", AGRIDEA Merkblatt, Eschikon 28, 8315 Lindau

Molinari-Jobin, A., P. Molinari, C. Breitenmoser-Würsten, M. Wölfl, C. Stanisa, M. Fasel, P. Stahl, J.-M. Vandel, L. Rotelli, P. Kaczensky, T. Huber, M. Adamic, I. Koren, Breitenmoser U. (2003). The Pan-Alpine Conservation Strategy for the Lynx. Council of Europe Publishing. Nature and Environment, No. 130.

Molinari-Jobin, A., Kery, M., Marboutin, E., Molinari, P., Koren, I., Fuxjager, C., Breitenmoser-Würsten, C., Wölfl, S., Fasel, M., Kos, I., Wölfl, M., Breitenmoser, U. (2012). Monitoring in the presence of species misidentification: the case of the Eurasian lynx in the Alps. Anim. Conserv. 15, 266–273

Molinari, P., Ryser-Degiorgis, MP., Molinari-Jobin, A.(2022) «Raubtiere am Werk – Handbuch zur Bestimmung von Rissen und allgemeinen Nachweisen von Grossraubtieren in Mitteleuropa». Wildlife Consulting.

Moura, A.E., Tsingarska, E., Dąbrowski, M.J. et al. (2014). Unregulated hunting and genetic recovery from a severe population decline: the cautionary case of Bulgarian wolves. Conserv Genet 15, 405–417. https://doi.org/10.1007/s10592-013-0547-y

Miller, J.R., Stoner, K.J., Cejtin, M.R., Meyer, T.K., Middleton, A.D., Schmitz, O. J. (2016). Effectiveness of contemporary techniques for reducing livestock depredations by large carnivores. Wildlife Society Bulletin, 40(4), 806–815.

Minnie, L., Gaylard, A., Kerley, G.I. (2016). Compensatory life-history responses of a mesopredator may undermine carnivore management efforts. Journal of Applied Ecology, 53(2), 379 387.

Neitz, J., Geist, T., Jacobs, G.H. (1989). Color vision in the dog. Visual neuroscience, 3(2), 119–125.

Nemtzov, S.C., King, R. (2002). Management of wild canids (fox, jackal and wolf) in Israel, with respect to their damage to agriculture and to the spread of rabies. Advances in vertebrate pest management II. Filander, Furth.

Oliveira, T., Treves, A., López-Bao, J. V., Krofel, M. (2021). The contribution of the LIFE program to mitigating damages caused by large carnivores in Europe. Global Ecology and Conservation, 31, e01815.

Pecorella, S., De Luca, M., Fonda, F., Viviano, A., Candelotto, M., Candotto, S., Mori, E., Banea, O. (2023). First record of allonursing in golden jackal (Canis aureus, L. 1758): a case of double breeding and communal denning within the same social unit. European Journal of Wildlife Research, 69(3), 43.

Pesaro, S., Franchini, M., Frangini, L., Benedetti, P. (2022). Can the donkey be a possible prey for golden jackals? Description of the predation strategy on multiple attacks. In 3° Simposio Internazionale sullo Sciacallo.

Peterson, R.O., Ciucci, P. (2003): The Wolf as a Carnivore. In: L. David Mech, Luigi Boitani (Hrsg.): Wolves. Behavior, Ecology, and Conservation. The University of Chicago Press, Chicago und London, S. 104–130 und dort zitierte Literatur.

Reinhardt, I., Kaczensky, P., Knauer, F., Rauer, G., Kluth, G., Wölfl, S., Huckschlag, D., Wotschikowsky, U. (2015). Monitoring von Wolf, Luchs und Bär in Deutschland. BfN-Skripten 413, Bundesamt für Naturschutz, Deutschland. ISBN 978-3-89624-148-1.

Rigg, R. (2001). Livestock guarding dogs: their current use world wide (Vol. 1). Oxford, UK: Canid Specialist Group.

Robin K., Graf R., und Schnidrig-Petrig R. (2022). Wildtiermanagement: eine Einführung. Haupt Verlag.

Rutkowski, R., Krofel, M., Giannatos, G., et al. (2015). *A European perspective on the golden jackal (Canis aureus): Assessment of the status, distribution, and legal protection in Europe*. Mammal Review, 45, 44–59. https://doi.org/10.1111/mam.12030

Sillero-Zubiri, C., Reynolds, J., Novaro, A.J. (2004). Management and control of wild canids alongside people. Biology and conservation of wild canids, 123–142.

Šprem, N., Barukčić, V., Jazbec, A., Ugarković, D., Ilić, I., Pokorny, B. (2024). Factors affecting hunting efficiency in the case of golden jackal. European journal of wildlife research, 70(2), 19.

Stefanović, M., Bogdanowicz, W., Adavoudi, R., Martínez-Sosa, F., Doan, K., Flores-Manzanero, A., Srinivas, Y., Banea, O.C., Ćirović, D., D'Amico, G., Djan, M., Giannatos, G., Hatlauf, J., Hayrapetyan, V., Heltai, M., Homel, K., Hulva, P., Ionică, A.M., Jhala, Y.V., Juránková, J., Kaboli, M., Khosravi, R., Kopaliani, N., Kowalczyk, R., Krofel, M., Lanszki, J., Lapini, L., Lymberakis, P., Männil, P., Markov, G., Mihalca, A.D., Miliou, A., Modrý, D., Molchan, V., Ostrowski, S., Pakeltytė, G., Ruņģis, D.E., Šnjegota, D., Szabó, L., Tryfonopoulos, G.A., Tsingarska, E., Volokh, A.M., Wójcik, J.M., Pilot, M. (2024). Range-wide phylogeography of the golden jackals (Canis aureus) reveals multiple sources of recent spatial expansion and admixture with dogs at the expansion front. Biological Conservation, Volume 290, 2024, 110448, ISSN 0006-3207, https://doi.org/10.1016/j.biocon.2024.110448.

Stoyanov, S. (2012). Golden jackal (Canis aureus) in Bulgaria. Current status, distribution, demography and diet. In Proceedings from the 2nd international symposium on hunting 'modern aspects of sustainable management of game population', Zemun-Belgrade, Serbia (pp. 22–24).

Stoyanov, S. (2018) Lethal management and golden jackal population dynamics. Is hunting effective for jackal expansion suppression? In: Giannatos, G., Banea, O.C., Hatlauf, J., Sillero-Zubiri, C., Georgiadis, C., Legakis, A. (Eds) Proceedings of the 2nd International Jackal Symposium, Marathon Bay, Attiki, Greece), Nov 2018, Hell. Zool. Arch., Hellenic Zoological Society, No. 9, 127–129. I SSN: 1106-2134

Szabó, L., Heltai, M., Lanszki, J. (2010). Jackal versus livestock—is it a real problem. Hungarian Agricultural Research, 19(4), 4–10.

Tóth, T., Krecsák, L., Szűcs, E., Heltai, M., Huszár, G. (2009). Records of the golden jackal (Canis aureus Linnaeus, 1758) in Hungary from 1800th until 2007, based on a literature survey. North-Western Journal of Zoology, 5(2), 386–405.

Tsunoda, H., Raichev, E. G., Newman, C., Masuda, R., Georgiev, D. M., Kaneko, Y. (2017). Food niche segregation between sympatric golden jackals and red foxes in central Bulgaria. Journal of Zoology, 303(1), 64–71.

Trouwborst, A., Fleurke, F., Linnell, J.D.C. (2015). *Legal implications of range expansions in a terrestrial carnivore: The case of the golden jackal (Canis aureus) in Europe*. Biodiversity and Conservation, 24, 2593–2610. https://doi.org/10.1007/s10531-015-0948-y

Vodopija, R., Racz, A., Pahor, D. (2016). The Incidence of Jackal Bites and Injuries in The Zagreb Anti Rabies Clinic During the 1995-2014 Period. Acta Clinica Coatica 55(1):151–155, doi:10.20471/acc.2016.55.01.20.

Vogt, K., Derron-Hilfiker, D., Kunz, F., Zumbach, L., Reinhart, S., Manz, R., Mettler, D. (2022). Wirksamkeit von Herdenschutzmassnahmen und Wolfsabschüssen unter Berücksichtigung räumlicher und biologischer Faktoren. Bericht in Zusammenarbeit mit AGRIDEA. KORA Bericht Nr. 105. KORA, Muri bei Bern, Schweiz. 43 pp

Walton, Z., Samelius, G., Odden, M. et al. (2018). Long-distance dispersal in red foxes Vulpes vulpes revealed by GPS tracking. Eur J Wildl Res 64, 64. https://doi.org/10.1007/s10344-018-1223-9

Yom-Tov, Y., Ashkenazi, S., Viner, O. (1995). Cattle predation by the golden jackal Canis aureus in the Golan Heights, Israel. Biological Conservation, 73(1), 19–22.

1. Auflage: 2025

ISBN 978-3-258-08415-2

Umschlag, Gestaltung und Satz: pooldesign.ch, Zürich

Alle Rechte vorbehalten.
Copyright © 2025 Haupt Verlag, Bern
Jede Art der Vervielfältigung ohne Genehmigung des Verlags ist unzulässig.
Kein Teil dieses Werkes darf in irgendeiner Weise für das Training von Technologien oder Systemen der künstlichen Intelligenz verwendet oder vervielfältigt werden. Die Verwendung der Inhalte für das Text- und Data-Mining ist untersagt.

Wir drucken mit mineralölfreien Farben und verwenden FSC®-zertifiziertes Papier. FSC® sichert die Nutzung der Wälder gemäß sozialen, ökonomischen und ökologischen Kriterien.

Gedruckt in der Tschechischen Republik

FSC www.fsc.org MIX Papier | Fördert gute Waldnutzung FSC® C010798

Diese Publikation ist in der Deutschen Nationalbibliografie verzeichnet. Mehr Informationen dazu finden Sie unter http://dnb.dnb.de.

Der Haupt Verlag wird vom Bundesamt für Kultur für die Jahre 2021–2026 unterstützt.

© Shutterstock, Huza Studio

Sie möchten nichts mehr verpassen?

Folgen Sie uns auf unseren Social-Media-Kanälen und bleiben Sie via Newsletter auf dem neuesten Stand.

www.haupt.ch/informiert

Wir verlegen mit Freude und großem Engagement unsere Bücher. Daher freuen wir uns immer über Anregungen zum Programm und schätzen Hinweise auf Fehler im Buch, sollten uns welche unterlaufen sein.

Haupt Verlag AG
Falkenplatz 14
CH-3012 Bern
herstellung@haupt.ch
www.haupt.ch

Verantwortlich in der EU (GPSR):
Brockhaus Kommissionsgeschäft GmbH
Kreidlerstr. 9
DE-70806 Kornwestheim
haupt@brocom.de